建设工程安全监理责任及实施指南

倪新贤　刘德福　高广灿　王　莉　编著

黄河水利出版社
·郑州·

内 容 提 要

本书从建设工程安全监理的实际需要出发,论述了建设工程安全生产的基本知识和重要制度;根据国家法律、法规、规章和规范性文件,介绍了建设工程各方的安全责任,特别是监理单位和监理人员的安全责任和法律责任;分析了现阶段安全监理风险,探讨了防范和控制风险的方法;阐述了安全监理的基础工作,包括安全监理的主要制度,监理人员的安全监理职责分工;重点紧扣《关于落实建设工程安全生产监理责任的若干意见》,按照最新的有关安全监理的技术标准,较为详细地论述了监理单位及其现场的监理机构在施工准备阶段、施工阶段所必须进行的安全监理工作,以及安全监理的主要工作程序。

本书可供建设工程施工监理人员以及施工单位、建设单位的管理人员阅读参考。

图书在版编目(CIP)数据

建设工程安全监理责任及实施指南/倪新贤等编著.
郑州:黄河水利出版社,2010.11
ISBN 978 - 7 - 80734 - 928 - 0

Ⅰ. ①建… Ⅱ. ①倪… Ⅲ. ①建筑工程 - 安全
生产 - 监督管理 - 指南 Ⅳ. ①TU714 - 62

中国版本图书馆 CIP 数据核字(2010)第 218376 号

组稿编辑:王路平 电话:0371 - 66022212 E-mail:hhslwlp@ 126. com

出 版 社:黄河水利出版社
　　　　地址:河南省郑州市顺河路黄委会综合楼 14 层　　邮政编码:450003
发行单位:黄河水利出版社
　　　　发行部电话:0371 - 66026940、66020550、66028024、66022620(传真)
　　　　E-mail:hhslcbs@ 126. com
承印单位:河南地质彩色印刷厂
开本:787 mm × 1 092 mm　1/16
印张:10
字数:230 千字　　　　　　　　　　　印数:1—2 000
版次:2010 年 11 月第 1 版　　　　　　印次:2010 年 11 月第 1 次印刷

定价:28.00 元

前　言

　　安全生产事关国家财产和人民生命安全,事关经济发展和社会稳定。国家对安全生产历来极为重视,2002 年 6 月颁布了《中华人民共和国安全生产法》;2003 年 11 月,国务院颁布了《建设工程安全生产管理条例》;2005 年 10 月,建设部印发了《建筑工程安全生产监督管理工作导则》;2006 年 10 月,建设部又印发了《关于落实建设工程安全生产监理责任的若干意见》,对建设工程安全生产技术标准进行了大规模的修订。安全生产工作已成为落实科学发展观、构建和谐社会的重要内容。

　　建设部《关于落实建设工程安全生产监理责任的若干意见》首次从中央层次提出了"安全监理"的概念,明确安全监理就是建设工程安全生产的监理工作,具体提出了监理单位在建设工程施工准备阶段、施工阶段的安全监理内容和监理责任。但是监理单位和监理人员在贯彻"条例"、"导则"、"若干意见"的过程中,普遍感到责任很重、压力很大。建设工程的技术含量明显提高,安全事故因素日益增多,监理单位和监理人员如何适应新形势要求,是一个严峻的课题。一方面,监理单位和监理人员对安全监理的责任及法律责任认识不足,认为承受了不该承受之重;另一方面,多数监理单位成立不久,监理人员大多是从学校毕业不久的学生,对安全监理知之甚少,不知如何把握安全监理的深度,甚至有的监理单位和监理人员不知该从何做起,不知如何履行监理安全责任。上述方面导致监理单位和监理人员存在较大的安全监理责任风险。近几年来,在建设工程领域发生的安全事故中,施工单位及有关人员被追究责任的同时,监理单位和监理人员受到责任追究的情况屡见不鲜。如果监理单位受到不良行为公示(或记录)、警告、罚款等,其后果往往十分残酷——监理单位的社会信誉、水平和能力受到质疑,市场竞争力下降;一旦被吊销资质,情况更为严重,监理单位将失去生存的基础和条件。如果监理人员被吊销注册证书,甚至被追究刑事责任,更令人可怕。因此,一些监理单位和监理人员产生了较重的恐慌心理。

　　其实,只要掌握并严格执行国家法律、法规、规章和规范性文件,认真研读有关安全监理的技术标准,提高安全监理水平,正确履行安全监理职责,即使建设工程发生安全生产事故,监理单位及其监理人员也不会受到责任追究。

　　使监理单位和监理人员提高安全监理水平,适应国家法规对监理单位的要求,正确履行安全监理职责,防范和控制安全责任风险,正是我们编写本书的出发点及目的所在。

　　本书从建设工程安全监理的实际需要出发,论述了建设工程安全生产的基本知识和重要制度;根据国家法律、法规、规章和规范性文件,介绍了建设工程各方的安全责任,特别是监理单位和监理人员的安全责任和法律责任;分析了现阶段安全监理风险,探讨了防范和控制风险的方法;阐述了安全监理的基础工作,包括安全监理的主要制度,监理人员的安全监理职责分工;重点紧扣《关于落实建设工程安全生产监理责任的若干意见》,按照最新的有关安全监理的技术标准,较为详细地论述了监理单位及其现场的监理机构在施工准备阶段、施工阶段所必须进行的安全监理工作,以及安全监理的主要工作程序。

本书对监理单位和监理人员的安全监理工作具有较强的针对性、实用性和可操作性。编者相信,通过阅读本书,监理单位和现场监理机构的监理人员能得到安全监理方面的指导和帮助;也希望本书能起到宣传、呼吁的作用,使建设工程安全监理工作得到全社会的理解和支持,推动监理事业的健康发展,为建设工程安全生产,构建和谐社会做出一点有益的贡献。

建设工程安全监理工作体现了法律、法规、规章、规范性文件和技术标准的要求,从这个意义上说,安全监理的要求也是施工单位应尽的义务,施工单位贯彻执行国家建设工程安全法律、法规、规章、规范性文件和技术标准是义不容辞的责任。所以,本书也可作为建设单位、施工单位的安全生产管理参考。

全书共分6章。前言、第5章5.1节由水利部黄河水利委员会经济发展管理局倪新贤撰写;第1章、第6章由南水北调中线干线工程建设管理局高广灿撰写;第2章、第4章4.8节和4.9节、第5章5.2～5.5节由黄河勘测规划设计有限公司规划院王莉撰写;第3章、第4章4.1～4.7节由水利部黄河水利委员会黄河水利科学研究院刘德福撰写。全书由倪新贤统稿。

本书在编写过程中,吸收了许多专家的宝贵意见和建议,得到了黄河工程咨询监理有限责任公司的大力支持,参考和引用了部分著作和文献资料,在此一并表示衷心的感谢。

由于编者水平有限,书中难免有错误和不足之处,欢迎广大读者批评指正。

编 者

2010 年 10 月

目　录

第 1 章　建设工程安全生产管理概述

为做好安全监理工作,切实履行安全监理职责,建设工程监理人员必须了解和熟悉有关安全生产管理的基本概念,掌握建设工程安全生产管理、安全监理的基本知识。

1.1　安全生产管理基本概念

1.1.1　安全

国家标准《职业健康安全管理体系　规范》(GB/T 28001)中给出的安全的定义是:"免除了不可接受的损害风险的状态"。可见安全与危险是相对的概念,是人们对生产中是否可能遭受健康损害和人身伤亡的综合认识,无论是安全还是危险都是相对的。

1.1.2　安全生产的定义和范畴

在《中国大百科全书》中,安全生产的定义为:安全生产是旨在保障劳动者在生产过程中的安全的一项方针,也是企业管理必须遵循的一项原则,要求最大限度地减少劳动者的工伤和职业病,保障劳动者在生产过程中的生命安全和身体健康。

在《安全科学技术词典》中,安全生产的定义为:安全生产是指企业事业单位在劳动生产过程中人身安全、设备安全和产品安全,以及交通运输安全等。

从上面的定义可以看出,其实质内容是一致的,即突出了安全生产的本质是要在生产过程中防止各种事故的发生,确保财产和人民生命安全。

随着社会的发展与进步,安全生产的概念也在不断地发展。安全生产的概念已不仅仅是保证不发生伤亡事故和保证生产顺利进行,还提出了搞好安全生产以促进社会经济发展、社会稳定及社会进步的要求。

因此,安全生产可定义为:生产经营活动中,为保证人身健康与生命安全,保证财产不受损失,确保生产经营活动得以顺利进行,促进社会经济发展、社会稳定和进步而采取的一系列措施和行动的总称。

安全生产的定义包含两个方面的含义:一是安全生产是生产企业的行为。生产企业为了自身发展必须完善安全生产条件、加强安全生产管理,其生产活动行为必须符合有关安全生产法律法规的要求。二是生产企业的安全生产应接受社会的监督和政府的监管。企业生产活动尤其是生产过程中的安全管理活动有可能影响社会经济发展、社会稳定和社会进步的和谐发展,因此必然引起社会关注,社会监督和政府监管是安全生产发展的必然趋势,生产企业必须接受全社会的监督。有关安全生产的法律法规确定了社会监督和政府监管的管理要求。其中,建设工程监理单位对建筑施工企业的安全生产监督是《中华人民共和国建筑法》(1997 年 11 月 1 日发布,主席令第 91 号)(以下简称《建筑法》)和

《建设工程安全生产管理条例》(国务院令第 393 号)赋予监理单位的权利和义务。

1.1.3　安全生产方针

安全生产方针是对安全生产工作所提出的一个总的要求和指导原则,它为安全生产指明了方向。

2002 年 6 月 29 日,全国人大常委会通过的《中华人民共和国安全生产法》(2002 年 6 月 29 日发布,主席令第 70 号)(以下简称《安全生产法》),是我国安全生产的第一部基础法。《安全生产法》第三条正式确立了"安全生产管理,坚持安全第一、预防为主的方针"。至此,我国安全生产方针第一次用法律的形式予以确立。

2005 年 10 月,中国共产党十六届五中全会提出"安全第一、预防为主、综合治理"的安全生产 12 字方针,使我国安全生产方针进一步发展和完善,更好地反映了安全生产工作的规律和特点。

"安全第一",首先强调安全的重要性。安全与生产相比较,安全是重要的,因此要先安全后生产。也就是说,在一切生产活动中,要把安全工作放在首要位置,优先考虑。它是处理安全工作与其他工作关系的重要原则和总的要求。

"预防为主",是指安全工作应当做在生产活动开始之前,并贯彻始终。凡事预则立,不预则废。安全工作的重点应放在预防事故的发生上,事先考虑事故发生的可能性,以尽量减少事故的发生和事故造成的损失。因此,必须在从事生产活动之前,充分认识、分析和评价系统可能存在的危险性,事先采取一切必要的组织措施、技术措施,排除事故隐患。以"安全第一"的原则,处理生产过程中出现的安全与生产的矛盾,保证生产活动符合安全生产、文明生产的要求。

"综合治理",从遵循和适应安全生产规律出发,指出了提高安全生产工作效能的基本方法:一是标本兼治,既要采取强硬措施,遏止重特大事故发生,又要建立长效机制提高本质安全水平;二是多措并举,综合运用经济、法律等多种手段,从责任、技术、制度、培训等多方面着力,形成安全监管合力;三是部门协调,有关部门要秉承"协同政府"理念,在履行法定职责的基础上互相支持、密切配合,构建齐抓共管的安全生产管理新格局。

1.1.4　安全生产管理

所谓安全生产管理,顾名思义就是对安全生产实施的管理,是针对人们在生产过程中的安全问题,有效地运用资源,发挥人们的智慧,通过人们的努力,进行有关决策、计划、组织、指挥、协调和控制等活动,实现生产过程中人与机器设备、物料、环境的和谐,达到安全生产的目标。它是管理活动的一项重要内容,同样具备管理的基本要素和特征。安全生产管理包括安全生产法制管理、行政管理、监督检查、工艺技术管理、设备设施管理、作业环境和条件管理等。

安全生产管理的目标是,为保证人身健康与生命安全,保证财产不受损失,确保生产经营活动得以顺利进行,促进社会经济发展、社会稳定和进步。

安全生产管理的基本对象是企业的员工,涉及企业中的所有人员、设备设施、物料、环境、财务、信息等方面。安全生产管理内容包括安全生产的管理机构、管理人员、管理制度、策划、教育培训和档案等。

1.1.5 建设工程安全生产管理

建设工程安全生产管理是针对建设工程所实施的安全生产管理。建设工程的生产，特别是安全生产，与其他行业相比有明显的区别，主要特点是：单位工程资金投入多、工程施工周期长、多工种交叉作业；涉及的责任主体多，影响施工安全的环节多；施工机械化、自动化程度不高，工人素质相对较差；受结构、地质、建筑等因素影响，工程的单个性、特殊性等特征明显；大多露天施工，地理和气象影响大；劳动密集，从业人员文化素质较一般行业低，等等。

工程监理单位在建设工程活动中为重要的活动主体，所以理应成为安全生产管理中的重要安全生产责任主体，应认真履行其安全生产监管责任，积极参与安全生产管理活动。

1.2 安全生产管理体制

2004年1月9日《国务院关于进一步加强安全生产工作的决定》（国发〔2004〕2号）中将安全生产管理体制概括为"政府统一领导、部门依法监管、企业全面负责、群众参与监督、全社会广泛支持"，提出了构建全社会齐抓共管的安全生产工作格局的要求。

（1）"政府统一领导"，是指在国务院及地方各级政府领导下开展安全生产管理工作。当前国务院设立了国务院安全生产委员会（办公室设在国家安全生产监督管理总局），统一领导全国安全生产管理工作，各省、自治区、直辖市以及绝大多数市、县均设立有安全生产委员会（办公室设在本级安全生产监督管理局），统一领导当地安全生产管理工作。

（2）"部门依法监管"，是指在国务院及各级政府统一领导下，各行业行政主管部门依据《安全生产法》对本行业、本地区的安全生产工作实施监督管理，并接受上级行政主管部门的监督指导。依据《建设工程安全生产管理条例》，建设工程安全生产管理模式为：

①综合监督管理。国务院负责安全生产监督管理的部门依照《安全生产法》的规定，对全国建设工程安全生产工作实施综合监督管理。县级以上地方人民政府负责安全生产监督管理的部门依照《安全生产法》的规定，对本行政区域内建设工程安全生产工作实施综合监督管理。

②部门监督管理。国务院建设行政主管部门对全国的建设工程安全生产实施监督管理。国务院铁路、交通、水利等有关部门按照国务院规定的职责分工，负责有关专业建设工程安全生产的监督管理。县级以上地方人民政府建设行政主管部门对本行政区域内的建设工程安全生产实施监督管理。县级以上地方人民政府交通、水利等有关部门在各自的职责范围内，负责本行政区域内的专业建设工程安全生产的监督管理。

③委托监督管理。建设行政主管部门或者其他有关部门可以将施工现场的监督检查委托给建设工程安全监督机构具体实施。

（3）"企业全面负责"，是指企业是安全生产主体，企业的安全生产是安全生产管理的基础，也是安全生产管理的出发点和落脚点。"企业全面负责"重申了安全生产的理念，即安全生产是生产企业的行为。生产企业为了自身发展需要而必须完善安全生产条件、加强安全生产管理,其生产活动行为必须符合有关安全生产法律法规的要求。

　　(4)"群众参与监督",是指鼓励广大群众,特别是生产一线广大职工积极关心安全生产、参与安全生产管理工作,对安全生产管理工作提出建议和批评意见。为了落实群众监督参与安全生产管理工作,法规要求:各级人民政府及其有关部门应当采取多种形式,加强对有关安全生产的法律、法规和安全生产知识的宣传,提高职工的安全生产意识;工会应依法组织职工参加本单位安全生产工作的民主管理和民主监督,维护职工在安全生产方面的合法权益;生产经营单位应当对从业人员进行安全生产教育和培训,保证从业人员具备必要的安全生产知识,熟悉有关的安全生产规章制度和安全操作规程,掌握本岗位的安全操作技能。只有提高了广大群众特别是生产一线广大职工对于安全生产的法律法规、安全生产知识和操作技能的认识,"群众参与监督"才能成为可能。

　　(5)"全社会广泛支持",是指社会各界对安全生产管理工作的关心和支持,形成一个"关注安全,关爱生命"的良好氛围。建设工程安全生产管理状况的改变,必须依靠社会各界的广泛参与。通过全社会的努力,提高安全意识,增强防范能力。社会各界在配合有关单位开展安全生产管理的同时,还必须遵循有关安全生产法律法规及有关标准、规范开展有关活动。

　　工程监理单位在建设工程活动中为重要的活动主体,所以理应成为安全生产管理中的重要安全生产责任主体,应认真履行其安全生产监管责任,积极参与安全生产管理活动。

　　熟悉我国目前安全生产管理体制的格局,有利于领会目前建设工程监理的安全生产监管要求的实质,更加认真地履行建设工程安全生产管理中的职责。

1.3　建设工程安全监理基本知识

1.3.1　监理

　　所谓监理,通常是指有关执行者根据一定的行为准则,对某些行为进行监督管理,使这些行为符合准则要求,并协助行为主体实现其行为目的。

　　监理的字面含义十分丰富。"监"在中国古代汉语中作为名词使用时,是指可以照影的明亮铜镜;而作为动词使用时,一般指从旁监视、督促的意思,是一项目标性很明确的具体行为。所以,我们现在常见到的一些词,如监察、监督、监工、监测、监管等,都有上述的含义。"理"字有两方面的意思:一是指条理、准则;二是指管理、整理。因此,综合起来,"监理"就是以准则为一面镜子,对特定行为进行对照、审察,以便找出问题的意思。

　　综上所述,"监理"可表述为:由一个执行机构或执行者,依据一定的准则,对某一行为的有关主体进行督察、监控和评价,守"理"者不问,违"理"者必究;同时,这个执行机构或执行者还要采取组织、指挥、协调和疏导等措施,协助有关人员更准确、更完整、更合理地达到预期目标。

1.3.2 建设工程监理

建设部《工程建设监理规定》(建监〔1995〕第737号文)明确提出:工程建设监理是指监理单位受项目法人的委托,依据国家批准的工程项目建设文件,有关工程建设的法律、法规和工程建设监理合同及其他工程建设合同,对工程建设实施的监督管理。监理单位是建筑市场的主体之一,建设监理是一种高智能的有偿技术服务。监理单位与项目法人之间是委托与被委托的合同关系,监理单位与被监理单位之间是监理与被监理的关系。监理单位应按照"公正、独立、自主"的原则,开展工程建设监理工作,公平地维护项目法人和被监理单位的合法权益。这里对建设工程监理做出了明确的定位。

建设工程监理可以适用于工程建设投资决策阶段和实施阶段,但目前监理工作的开展主要是在建设工程施工阶段,甚至只限于施工阶段的质量控制工作。在施工阶段委托监理,其目的是更有效地发挥监理的规划、控制、协调作用,为在计划目标内建成工程提供最好的管理。

1.3.3 建设工程安全监理

2006年建设部《关于落实建设工程安全生产监理责任的若干意见》(建市〔2006〕248号)中指出:为了认真贯彻《建设工程安全生产管理条例》(以下简称《条例》),指导和督促工程监理单位(以下简称"监理单位")落实安全生产监理责任,做好建设工程安全生产的监理工作(以下简称"安全监理")……这里首次从中央层次提出了安全监理的概念,从中可以看出,"安全监理"是监理单位监理工作内容的一部分,专指建设工程安全生产的监理工作。由此可见,建设工程安全监理是指具有相关资质的工程监理单位受建设单位的委托,依据国家有关建设工程的法律、法规,按照政府主管部门批准的建设工程的项目建设文件、委托监理合同及其他工程建设合同,对建设工程安全生产实施的专业化监督管理。

监理的职责从监理理论上说应该来自于法律法规的规定和监理单位与业主签订的委托监理合同。安全监理职责是监理职责的一部分,因此工程监理单位的安全监理职责同样来自于以上两个方面。

在我国目前颁布的《建筑法》和《安全生产法》等法律中,没有提及监理单位的安全监理职责。但是,随着建设工程安全生产形势发展的需要,在2003年11月24日国务院颁布的《建设工程安全生产管理条例》中对监理单位的安全监理职责有明确的规定。其中第十四条规定:工程监理单位和监理工程师应按照法律法规和工程建设强制性标准实施监理,并对建设工程安全生产承担监理责任。

工程建设领域推行的项目法人责任制普遍规定:项目法人对工程建设的安全健康与环境负有全面监督管理的责任。因此,大多数业主就很自然地授权于所委托的工程监理单位代表业主对工程建设进行安全监督管理,这表现在目前大多数监理委托合同中都有安全监理方面的明确约定。

安全生产贯穿于建设工程施工的全过程,涉及建设工程每个环节、每个部位,直接影响建设工程的质量、进度和造价,甚至影响周边环境及社会的安定团结。所以,工程监理单位和监理人员在安全生产方面实施施工现场安全监理已成为建设工程监理的一项重要工作内容。

1.4　建设工程安全生产管理的重要制度

1.4.1　概述

建设工程劳动人数众多,规模巨大,且工作环境复杂多变,安全生产的难度很大。通过建立各项制度规范建设工程的生产行为,对于提高建设工程安全生产水平来说是非常重要的。

《建筑法》、《安全生产法》、《安全生产许可证条例》(国务院令第397号)、《建设工程安全生产管理条例》、《建筑施工企业安全生产许可证管理规定》(建设部令第128号)等与建设工程有关的法律法规和部门规章,对政府部门、有关企业及相关人员的建设工程安全生产和管理行为进行了全面的规范,确立了一系列建设工程安全生产管理制度。其中,涉及政府部门安全生产的监管制度有:建筑施工企业安全生产许可制度,三类人员考核任职制度,特种作业人员持证上岗制度,安全生产监督检查制度,危及施工安全的工艺、设备、材料淘汰制度,生产安全事故报告制度和建筑施工起重机械监督管理制度;涉及施工企业的安全生产制度有:安全生产责任制度、安全生产教育培训制度、安全专项施工方案专家论证审查制度、施工现场消防安全责任制度、意外伤害保险制度和生产安全事故应急救援制度等。

监理人员熟悉建设工程安全生产管理的重要制度,对于提高政策水平,做好安全监理,具有积极的意义。

1.4.2　建筑施工企业安全生产许可制度

为了严格规范建筑施工企业安全生产条件,进一步加强安全生产监督管理,防止和减少生产安全事故,建设部根据《安全生产许可证条例》等有关行政法规,于2004年7月发布了《建筑施工企业安全生产许可证管理规定》(建设部令第128号),2008年,住房和城乡建设部(以下简称住建部)又制定了《建筑施工企业安全生产许可证动态监管暂行办法》(建质〔2008〕121号)。

国家对建筑施工企业实行安全生产许可制度。建筑施工企业未取得安全生产许可证的,不得参加建设工程施工投标活动。安全生产许可制度的主要内容如下。

1. 安全生产许可证的申请条件

建筑施工企业取得安全生产许可证,应当具备下列安全生产条件:

(1)建立、健全安全生产责任制,制定完备的安全生产规章制度和操作规程;

(2)保证本单位安全生产条件所需资金的投入;

(3)设置安全生产管理机构,按照国家有关规定配备专职安全生产管理人员;

(4)主要负责人、项目负责人(项目经理,下同)、专业安全生产管理人员经建设主管部门或者其他有关部门考核合格;

(5)特种作业人员经有关业务主管部门考核合格,取得特种作业操作资格证书;

(6)管理人员和作业人员每年至少进行一次安全生产教育培训并考核合格;

(7)依法参加工伤保险,依法为施工现场从事危险作业的人员办理意外伤害保险,为从业人员缴纳保险费;

(8)施工现场的办公、生活区及作业场所和安全防护用具、机械设备、施工机具及配件符合有关安全生产法律、法规、标准和规程的要求;

(9)有职业危害防治措施,并为作业人员配备符合国家标准或者行业标准的安全防护用具和安全防护服装;

(10)有对危险性较大的分部分项工程及施工现场易发生重大事故的部位、环节的预防、监控措施和应急预案;

(11)有生产安全事故应急救援预案、应急救援组织或者应急救援人员,配备必要的应急救援器材、设备;

(12)法律、法规规定的其他条件。

2. 安全生产许可证的申请与颁发

建筑施工企业从事建筑施工活动前,应当依照规定向省级以上建设主管部门申请领取安全生产许可证。

安全生产许可证的有效期为 3 年。安全生产许可证有效期满需要延期的,企业应当于期满前 3 个月向原安全生产许可证颁发管理机关申请办理延期手续。企业在安全生产许可证有效期内,严格遵守有关安全生产的法律法规,未发生死亡事故的,安全生产许可证有效期届满时,经原安全生产许可证颁发管理机关同意不再审查,安全生产许可证有效期延期 3 年。

建筑施工企业变更名称、地址、法定代表人等,应当在变更后 10 日内,到原安全生产许可证颁发管理机关办理安全生产许可证变更手续。

建筑施工企业破产、倒闭、撤销的,应当将安全生产许可证交回原安全生产许可证颁发管理机关予以注销。

建筑施工企业遗失安全生产许可证的,应当立即向原安全生产许可证颁发管理机关报告,并在公众媒体上声明作废,方可申请补办。

安全生产许可证采用国务院安全生产监督管理部门规定的统一式样。安全生产许可证分正本和副本,正、副本具有同等法律效力。

3. 安全生产许可证的管理

建筑施工企业取得安全生产许可证后,不得降低安全生产条件,并应当加强日常安全生产管理,接受建设主管部门的监督检查。安全生产许可证颁发管理机关发现企业不再具备安全生产条件的,应当暂扣或者吊销安全生产许可证。施工总承包单位应当依法将建设工程分包给具有安全生产许可证的建筑施工企业,并依据有关法规和标准对专业承包和劳务分包企业安全生产条件进行检查,发现不具备法定安全生产条件的,应当责令其立即整改。施工总承包单位将建设工程分包给不具有安全生产许可证的建筑施工企业,视同违法分包,依据有关法律法规予以处罚。

工程监理单位应当严格审查施工总承包企业和分包企业的安全生产许可证,并加强对施工企业和施工现场安全生产条件的动态监督,发现不再具备法定安全生产条件的,应当要求施工企业整改;情况严重的,应当要求施工企业暂停施工,并及时报告建设单位。施工企业拒不整改或者不停止施工的,监理单位应及时报告有关建设行政主管部门。

任何单位或者个人对违反《建筑施工企业安全生产许可证管理规定》的行为,有权向安全生产许可证颁发管理机关或者监察机关等有关部门举报。

4. 法律责任

建筑施工企业在本地区发生伤亡事故,安全生产许可证颁发管理机关(以下简称颁发管理机关)或其委托的事故发生地市县级建设行政主管部门应立即暂时收回企业的安全生产许可证(包括总承包企业和发生事故的分包企业,下同),并于事故发生之日起5个工作日内对企业安全生产条件复核完毕。发现企业不再具备法定安全生产条件的,颁发管理机关应于安全生产条件复核完毕之日起5个工作日内对企业作出暂扣或吊销安全生产许可证的行政处罚。

建筑施工企业不具备安全生产条件的,暂扣安全生产许可证并限期整改;情节严重的,吊销安全生产许可证。建筑施工企业安全生产许可证被暂扣期间,企业在全国范围内不得承揽新的工程项目,发生问题或事故的在建项目停工整改,整改合格后方可继续施工。企业安全生产许可证被吊销后,在全国范围内不得承揽任何新的工程项目,且1年之内不得重新申请安全生产许可证。

建筑施工企业被暂扣或吊销安全生产许可证后,企业资质管理部门应当对企业资质条件进行重新复核,发现不再符合有关资质条件的,责令其限期整改,拒不整改或整改仍不合格的,对其实施停业整顿、降低资质等级直至吊销资质证书的处罚。

建筑施工企业申请企业资质晋级、增项之日起前1年内,两次或两次以上被处以暂扣安全生产许可证处罚的,不予晋级和增项。

5. 动态监管

建设单位或其委托的工程招标代理机构在编制资格预审文件和招标文件时,应当明确要求建筑施工企业提供安全生产许可证,以及企业主要负责人、拟担任该项目负责人和专职安全生产管理人员相应的安全生产考核合格证书。

建设工程实行施工总承包的,建筑施工总承包企业应当依法将工程分包给具有安全生产许可证的专业承包企业或劳务分包企业,并加强对分包企业安全生产条件的监督检查。

工程监理单位应当查验承建工程的施工企业安全生产许可证和有关"三类人员"安全生产考核合格证书持证情况,发现其持证情况不符合规定,或施工现场降低安全生产条件的,应当要求其立即整改。施工企业拒不整改的,工程监理单位应当向建设单位报告。建设单位接到工程监理单位报告后,应当责令施工企业立即整改。

建筑施工企业应当加强对本企业和承建工程安全生产条件的日常动态检查,发现不符合法定安全生产条件的,应当立即进行整改,并做好自查和整改记录。

建筑施工企业在"三类人员"配备、安全生产管理机构设置及其他法定安全生产条件发生变化,以及因施工资质升级、增项而使得安全生产条件发生变化时,应当向颁发管理机关和当地建设主管部门报告。

　　颁发管理机关应当建立建筑施工企业安全生产条件的动态监督检查制度,并将安全生产管理薄弱、事故频发的企业作为监督检查的重点。颁发管理机关根据监管情况、群众举报投诉和企业安全生产条件变化报告,对相关建筑施工企业及其承建工程项目的安全生产条件进行核查,发现企业降低安全生产条件的,应当视其安全生产条件降低情况对其依法实施暂扣或吊销安全生产许可证的处罚。

　　市、县级人民政府建设主管部门或其委托的建筑安全监督机构在日常安全生产监督检查中,应当查验承建工程施工企业的安全生产许可证。发现企业降低施工现场安全生产条件,或存在事故隐患的,应立即提出整改要求;情节严重的,应责令工程项目停止施工并限期整改。上述责令停止施工且符合下列情形之一的,市、县级人民政府建设主管部门应当于作出最后两次停止施工决定之日起 15 日内以书面形式向颁发管理机关(县级人民政府建设主管部门同时抄报设区市级人民政府建设主管部门;工程承建企业跨省施工的,通过省级人民政府建设主管部门抄告)提出暂扣企业安全生产许可证的建议,并附具企业及有关工程项目违法违规事实和证明安全生产条件降低的相关询问笔录或其他证据材料:

　　(1)在 12 个月内,同一企业同一项目被两次责令停止施工。

　　(2)在 12 个月内,同一企业在同一市、县内三个项目被责令停止施工。

　　(3)施工企业承建工程经责令停止施工后,整改仍达不到要求或拒不停工整改。

　　工程项目发生一般及以上生产安全事故的,工程所在地市、县级人民政府建设主管部门应当立即按照事故报告要求向本地区颁发管理机关报告。

　　工程承建企业跨省施工的,工程所在地省级建设主管部门应当在事故发生之日起 15 日内将事故基本情况书面通报颁发管理机关,同时附具企业及有关项目违法违规事实和证明安全生产条件降低的相关询问笔录或其他证据材料。

　　颁发管理机关接到报告或通报后,应立即组织对相关建筑施工企业(含施工总承包企业和与发生事故直接相关的分包企业)的安全生产条件进行复核,并于接到报告或通报之日起 20 日内复核完毕。颁发管理机关复核施工企业及其工程项目安全生产条件时,可以直接复核或委托工程所在地建设主管部门复核。被委托的建设主管部门应严格按照法规规章和相关标准进行复核,并及时向颁发管理机关反馈复核结果。复核后,对企业降低安全生产条件的,颁发管理机关应当依法给予企业暂扣安全生产许可证的处罚;属情节特别严重的或者发生特别重大事故的,依法吊销安全生产许可证。

　　暂扣安全生产许可证处罚视事故发生级别和安全生产条件降低情况,按下列标准执行:

　　(1)发生一般事故的,暂扣安全生产许可证 30 日至 60 日。

　　(2)发生较大事故的,暂扣安全生产许可证 60 日至 90 日。

　　(3)发生重大事故的,暂扣安全生产许可证 90 日至 120 日。

　　建筑施工企业在 12 个月内第二次发生生产安全事故的,视事故级别和安全生产条件降低情况,分别按下列标准进行处罚:

　　(1)发生一般事故的,暂扣时限为在上一次暂扣时限的基础上再增加 30 日。

　　(2)发生较大事故的,暂扣时限为在上一次暂扣时限的基础上再增加 60 日。

（3）发生重大事故的，或按（1）、（2）条处罚暂扣时限超过 120 日的，吊销安全生产许可证。

12 个月内同一企业连续发生三次生产安全事故的，吊销安全生产许可证。

建筑施工企业瞒报、谎报、迟报或漏报事故的，在前暂扣时限的基础上，再处延长暂扣期 30 日至 60 日的处罚。暂扣时限超过 120 日的，吊销安全生产许可证。建筑施工企业在安全生产许可证暂扣期内，拒不整改的，吊销其安全生产许可证。建筑施工企业安全生产许可证被暂扣期间，企业在全国范围内不得承揽新的工程项目。发生问题或事故的工程项目停工整改，经工程所在地有关建设主管部门核查合格后方可继续施工。

建筑施工企业安全生产许可证被吊销后，自吊销决定作出之日起一年内不得重新申请安全生产许可证。

建筑施工企业安全生产许可证暂扣期满前 10 个工作日，企业需向颁发管理机关提出发还安全生产许可证的申请。颁发管理机关接到申请后，应当对被暂扣企业安全生产条件进行复查。复查合格的，应当在暂扣期满时发还安全生产许可证；复查不合格的，增加暂扣期限直至吊销安全生产许可证。

颁发管理机关应将建筑施工企业安全生产许可证审批、延期、暂扣、吊销情况，于做出有关行政决定之日起 5 个工作日内录入全国建筑施工企业安全生产许可证管理信息系统，并对录入信息的真实性和准确性负责。

1.4.3　安全生产管理人员考核管理制度

安全生产管理人员考核管理制度是安全生产许可制度的一项重要管理内容。安全生产管理人员是否进行安全生产考核，取得安全生产考核合格证书是安全生产条件考核内容之一。建筑施工企业的安全生产管理人员包括企业主要负责人、项目负责人和专职安全生产管理人员，人们称之为"三类人员"。其中主要负责人，是指对本企业日常生产经营活动和安全生产工作全面负责、有生产经营决策权的人员，包括企业法定代表人、经理、企业分管安全生产工作的副经理等；项目负责人是指由企业法定代表人授权，负责建设工程项目管理的负责人；建筑施工企业专职安全生产管理人员，是指专职从事安全生产管理工作的人员，包括企业安全生产管理机构的负责人及其工作人员和施工现场专职安全生产管理人员。在建设工程监理活动中，对项目负责人和专职安全生产管理人员是否取得安全生产考核合格证书的检查也是一项重要的监管内容。

依据建设部《建筑施工企业主要负责人、项目负责人和专职安全生产管理人员安全生产考核管理暂行规定》（建质〔2004〕59 号）的规定，为贯彻落实《安全生产法》、《建设工程安全生产管理条例》和《安全生产许可证条例》，提高建筑施工企业主要负责人、项目负责人、专职安全生产管理人员的安全生产知识水平和管理能力，保证建筑施工安全生产，对建筑施工企业三类人员进行考核认定。三类人员应当经建设行政主管部门或者其他有关部门考核合格后方可任职，考核内容主要是安全生产知识和安全管理能力。三类人员考核任职的主要规定如下。

1. 考核范围

在中华人民共和国境内从事建设工程施工活动的建筑施工企业三类人员以及对建筑

施工企业三类人员实施安全生产考核管理的人员,必须遵守《建筑施工企业主要负责人、项目负责人、专职安全生产管理人员安全生产考核管理暂行规定》。

建筑施工企业三类人员必须经建设行政主管部门或者其他有关部门进行安全生产考核,考核合格取得安全生产考核合格证书后,方可担任相应职务。

2. 三类人员考核的管理工作及相关要求

三类人员应当具备相应的文化程度、专业技术职称和一定的安全生产工作经历,并经企业年度安全生产教育培训合格后,方可参加建设行政主管部门组织的安全生产考核。

三类人员的安全生产考核内容包括安全生产知识和管理能力。

安全生产考核合格的,由建设行政主管部门在 20 日内核发三类人员安全生产考核合格证书。

三类人员变更姓名和所在法人单位等,应在一个月内到原安全生产考核合格证书发证机关办理变更手续。

任何单位和个人不得伪造、转让、冒用建筑施工企业管理人员安全生产考核合格证书。

三类人员遗失安全生产考核合格证书,应在公共媒体上声明作废,并在 1 个月内到原安全生产考核合格证书发证机关办理补证手续。

三类人员安全生产考核合格证书有效期为 3 年。有效期满需要延期的,应当于期满前 3 个月内向原发证机关申请办理延期手续。

三类人员在安全生产考核合格证书有效期内,严格遵守安全生产法律法规,认真履行安全生产职责,按规定接受企业年度安全生产教育培训,未发生死亡事故的,安全生产考核合格证书有效期届满时,经原安全生产考核合格证书发证机关同意,不再考核,安全生产考核合格证书有效期延期 3 年。

建筑施工企业管理人员取得安全生产考核合格证书后,应当认真履行安全生产管理职责,接受建设行政主管部门的监督检查。

建设行政主管部门应当加强对建筑施工企业管理人员履行安全生产管理职责情况的监督检查,发现有违反安全生产法律法规、未履行安全生产管理职责、不按规定接受企业年度安全生产教育培训、发生死亡事故,情节严重的,应当收回安全生产考核合格证书,并限期改正,重新考核。

任何单位或者个人对违反《建筑施工企业主要负责人、项目负责人和专职安全生产管理人员安全生产考核管理暂行规定》的行为,有权向建设行政主管部门或者监察等有关部门举报。省、自治区、直辖市人民政府建设行政主管部门可以根据《建筑施工企业主要负责人、项目负责人和专职安全生产管理人员安全生产考核管理暂行规定》制定实施细则。

1.4.4　安全生产监督检查制度

1. 建设工程安全生产监督管理的含义

建设工程安全生产监督管理是指各级人民政府安全生产监督管理部门、建设行政主管部门(或铁路、交通、水利等有关部门)及其授权的建设工程安全生产监督机构,对于建设工程安全生产所实施的监督管理。凡从事建筑工程、土木工程、设备安装、管线敷设等施工和构配件生产活动的单位及个人,都必须接受安全生产监督管理部门、建设行政主管部门(或铁路、交通、水利等有关部门)及其授权的建设工程安全生产监督机构的监督管理。

2.《建设工程安全生产管理条例》的规定

1)政府安全监督检查的管理体制

(1)国务院负责安全生产监督管理的部门依照《安全生产法》的规定,对全国建设工程安全生产工作实施综合监督管理。

(2)县级以上地方人民政府负责安全生产监督管理的部门依照《安全生产法》的规定,对本行政区域内建设工程安全生产工作实施综合监督管理。

(3)国务院建设行政主管部门对全国的建设工程安全生产实施监督管理。国务院铁路、交通、水利等有关部门按照国务院规定的职责分工,负责有关专业建设工程安全生产的监督管理。

(4)县级以上地方人民政府建设行政主管部门对本行政区域内的建设工程安全生产实施监督管理。县级以上地方人民政府交通、水利等有关部门在各自的职责范围内,负责本行政区域内的专业建设工程安全生产的监督管理。

2)政府安全监督检查的有关职责与权限

(1)建设行政主管部门在审核发放施工许可证时,应当对建设工程是否有安全施工措施进行审查,对没有安全施工措施的,不得颁发施工许可证。

(2)县级以上人民政府负有建设工程安全生产监督管理职责的部门在各自的职责范围内履行安全监督检查职责时,有权采取下列措施:

①要求被检查单位提供有关建设工程安全生产的文件和资料。

②进入被检查单位施工现场进行检查。

③纠正施工中违反安全生产要求的行为。

④对检查中发现的安全事故隐患,责令立即排除;重大安全事故隐患排除前或者排除过程中无法确保安全的,责令从危险区域内撤出作业人员或者暂时停止施工。

3)其他规定

建设行政主管部门(或铁路、交通、水利等有关部门)可以将施工现场的监督检查委托给建设工程安全监督机构具体实施。

国家对严重危及施工安全的工艺、设备、材料实行淘汰制度。

3.《建筑工程安全生产监督管理工作导则》(建质〔2005〕184号)的规定

(1)建设行政主管部门应当依照有关法律法规,针对有关责任主体和工程项目,健全完善以下安全生产监督管理制度:

①建筑施工企业安全生产许可证制度;

②建筑施工企业"三类人员"安全生产任职考核制度;

③建筑工程安全施工措施备案制度;

④建筑工程开工安全条件审查制度;

⑤施工现场特种作业人员持证上岗制度;

⑥施工起重机械使用登记制度;

⑦建筑工程生产安全事故应急救援制度;

⑧危及施工安全的工艺、设备、材料淘汰制度;

⑨法律法规规定的其他有关制度。

(2)各地区建设行政主管部门可结合实际,在本级机关建立以下安全生产工作制度:

①建筑工程安全生产形势分析制度。定期对本行政区域内建筑工程安全生产状况进行多角度、全方位的分析,找出事故多发类型、原因和安全生产管理薄弱环节,制定相应措施,并发布建筑工程安全生产形势分析报告。

②建筑工程安全生产联络员制度。在本行政区域内各市、县及有关企业中设置安全生产联络员,定期召开会议,加强工作信息动态交流,研究控制事故的对策、措施,部署和安排重大工作。

③建筑工程安全生产预警提示制度。在重大节日、重要会议、特殊季节、恶劣天气到来和施工高峰期之前,认真分析和查找本行政区域建筑工程安全生产薄弱环节,深刻吸取以往年度同时期曾发生事故的教训,有针对性地提早作出符合实际的安全生产工作部署。

④建筑工程重大危险源公示和跟踪整改制度。开展本行政区域建筑工程重大危险源的普查登记工作,掌握重大危险源的数量和分布状况,经常性地向社会公布建筑工程重大危险源名录、整改措施及治理情况。

⑤建筑工程安全生产监管责任层级监督与重点地区监督检查制度。监督检查下级建设行政主管部门安全生产责任制的建立和落实情况、贯彻执行安全生产法规政策和制定各项监管措施情况;根据安全生产形势分析,结合重大事故暴露出的问题及在专项整治、监管工作中存在的突出问题,确定重点监督检查地区。

⑥建筑工程安全重特大事故约谈制度。上级建设行政主管部门领导要与事故发生地建设行政主管部门负责人约见谈话,分析事故原因和安全生产形势,研究工作措施。事故发生地建设行政主管部门负责人要与发生事故工程的建设单位、施工单位等有关责任主体的负责人进行约谈告诫,并将约谈告诫记录向社会公示。

⑦建筑工程安全生产监督执法人员培训考核制度。对建筑工程安全生产监督执法人员定期进行安全生产法律、法规和标准、规范的培训,并进行考核,考核合格的方可上岗。

⑧建筑工程安全监督管理档案评查制度。对建筑工程安全生产的监督检查、行政处罚、事故处理等行政执法文书、记录、证据材料等立卷归档。

⑨建筑工程安全生产信用监督和失信惩戒制度。将建筑工程安全生产各方责任主体和从业人员违反安全生产的不良行为记录在案,并利用网络、媒体等向全社会公示,加大安全生产社会监督力度。

1.4.5　安全生产责任制度

安全生产责任制度就是对各级负责人、各职能部门以及各类施工人员在管理和施工过程中,应当承担的责任做出明确的规定。具体来说,就是将安全生产责任分解到施工单位的主要负责人、项目负责人、班组长以及每个岗位的作业人员身上。安全生产责任制度是施工企业最基本的安全管理制度,是施工企业安全生产管理的核心和中心环节。依据

《建设工程安全生产管理条例》和《建筑施工安全检查标准》(JGJ 59—99)的相关规定,安全生产责任制度的主要内容如下:

(1)安全生产责任制度主要包括施工企业主要负责人的安全责任,主管安全生产的负责人或其他副职的安全责任,项目负责人(项目经理)的安全责任,生产、技术、材料等各职能管理负责人及其工作人员的安全责任,技术负责人(工程师)的安全责任,专职安全生产管理人员的安全责任,施工员的安全责任,班组长的安全责任和岗位人员的安全责任等。

(2)项目经理部对各级、各部门安全生产责任制应规定检查和考核办法,并按规定期限进行考核,考核结果及兑现情况应有记录。

(3)项目独立承包的工程在签订的承包合同中,必须有安全生产工作的具体指标和要求。工地由多单位施工时,总分包单位在签订分包合同的同时,要签订安全生产合同(协议),签订合同前要检查分包单位的营业执照、企业资质证书、安全生产许可证等。分包队伍的资质应与工程要求相符,在安全合同中应明确总包、分包单位各自的安全职责。原则上,实行总承包的由总承包单位负责,分包单位向总包单位负责,服从总包单位对施工现场的安全管理。分包单位在其分包范围内建立施工现场安全生产管理制度,并组织实施。

(4)项目的主要工种应有相应的安全技术操作规程,一般应包括砌筑、拌灰、混凝土、钢筋、机械、电气焊、起重司索、信号指挥、塔司、架子、水暖、油漆等工种,特种作业应另行补充。应将安全技术操作规程列为日常安全活动和安全教育的主要内容。

(5)施工现场应按住建部《建筑施工企业安全生产管理机构设置及专职安全生产管理人员配备办法》(建质〔2008〕91号)配备专职管理安全人员。

1.4.6 安全生产教育培训制度

《建筑法》第四十六条规定:建筑施工企业应当建立健全劳动安全生产教育培训制度,加强对职工安全生产的教育培训;未经安全生产教育培训的人员,不得上岗作业。随后国家颁布了《建设工程安全生产管理条例》,建设部出台了《建筑施工企业主要负责人、项目负责人和专职安全生产管理人员安全生产考核管理暂行规定》《中央管理的建筑施工企业(集团公司、总公司)主要负责人、项目负责人和专职安全生产管理人员安全生产考核管理实施细则》(建质函〔2004〕189号),从而在国家法律、法规中确立了安全生产教育培训的重要地位。除进行一般安全教育外,特种作业人员培训还要执行《建筑施工特种作业人员管理规定》(建质〔2008〕75号)的有关规定,按国家、行业、地方和企业规定进行本工种专业培训,资格考核、取得特种作业人员操作证后上岗。

1. 教育和培训的时间

根据建设部印发的《建筑业企业职工安全培训教育暂行规定》(建教〔1997〕83号)和《建筑施工特种作业人员管理规定》,具体要求如下:

企业法人代表、项目经理每年不少于30学时。

专职安全管理人员每年不少于40学时。

其他管理和技术人员每年不少于20学时。

特殊工种每年不少于 20 学时。

其他职工每年不少于 15 学时。

待、转、换岗重新上岗前,接受一次不少于 20 学时的培训。

新工人的公司、项目、班组三级培训教育时间分别不少于 15 学时、15 学时、20 学时。

2. 教育和培训的形式及内容

教育和培训按等级、层次和工作性质分别进行。管理人员的重点是安全生产意识和安全管理水平,操作者的重点是遵章守纪、自我保护和提高防范事故的能力。新工人(包括合同工、临时工、学徒工、实习和代培人员)必须进行公司、工地和班组的三级安全教育。教育内容包括安全生产方针、政策、法规、标准及安全技术知识、设备性能、操作规程、安全制度、严禁事项及本工种的安全操作规程。电工、焊工、架工、司炉工、爆破工、机械操作工及起重工、打桩机和各种机动车辆司机等特殊工种工人,除进行一般安全教育外,还要经过专业安全技术教育。采用新工艺、新技术、新设备施工调换工作岗位时,对操作人员进行新技术、新岗位的安全教育。

1) 新工人三级安全教育

对新工人或调换工种的工人,必须按规定进行安全教育和技术培训,经考核合格,方准上岗。

三级安全教育是每个刚进企业的新工人必须接受的首次安全生产方面的基本教育,三级安全教育是指公司(即企业)、项目(或工程处、施工处、工区)、班组这三级。

(1)公司级。新工人在分配到项目之前,必须进行初步的安全教育。教育内容如下:

①劳动保护的意义和任务的一般教育;

②安全生产方针、政策、法规、标准、规范、规程和安全知识;

③企业安全规章制度等。

(2)项目(或工程处、施工处、工区)级。项目教育是新工人被分配到项目以后进行的安全教育。教育内容如下:

①建安工人安全生产技术操作一般规定;

②施工现场安全管理规章制度;

③安全生产纪律和文明生产要求;

④施工工程基本情况,包括现场环境、施工特点及可能存在不安全因素的危险作业部位及必须遵守的事项。

(3)班组级。岗位教育是新工人分配到班组后,开始工作前的一级教育。教育内容如下:

①本人从事施工生产工作的性质,必要的安全知识,机具设备及安全防护设施的性能和作用;

②本工种安全操作规程;

③班组安全生产、文明施工基本要求和劳动纪律;

④本工种事故案例剖析、易发事故部位及劳动防护用品的使用要求。

(4)三级教育的要求如下:

①三级教育一般由企业的安全、教育、劳动、技术等部门配合进行;

②受教育者必须经过考试合格后才准予进入生产岗位;

③给每一名职工建立职工劳动保护教育卡,记录三级教育、变换工种教育等教育考核情况,并由教育者与受教育者双方签字后入册。

2)特种作业人员培训

除进行一般安全教育外,还要执行《建筑施工特种作业人员管理规定》(建质〔2008〕75号)的有关规定,进行特种作业专业培训、资格考核,取得建筑特种作业操作资格证书后上岗。

3)特定情况下的适时安全教育

(1)季节性,如冬期、夏期、雨雪期、汛期、台风期施工;

(2)节假日前后;

(3)节假日加班或突击赶任务;

(4)工作对象改变;

(5)工种变换;

(6)新工艺、新材料、新技术、新设备施工;

(7)发现事故隐患或发生事故后;

(8)新进入现场等。

4)三类人员的安全培训教育

施工单位的主要负责人是安全生产的第一责任人,必须经过考核合格后,做到持证上岗。在施工现场,项目负责人是施工项目安全生产的第一责任者,也必须持证上岗,加强对队伍的培训,使安全管理进入规范化。

5)安全生产的经常性教育

企业在做好新工人入场教育、特种作业人员安全生产教育和各级管理人员、安全管理人员的安全生产教育培训的同时,还必须把经常性的安全教育贯穿于管理工作的全过程,并根据接受教育对象的不同特点,采取多层次、多渠道和多种方法进行。安全生产宣传教育应贯彻及时性、严肃性、真实性的原则,做到简明、醒目,具体形式如下:

(1)在施工现场(车间)入口处设置安全纪律牌。

(2)举办安全生产训练班、讲座、报告会、事故分析会。

(3)建立安全生产教育室,举办安全生产展览。

(4)举办安全生产广播,印发安全生产简报、通报等,办安全生产黑板报、宣传栏。

(5)张挂安全生产挂图或宣传画、安全标志和标语口号。

(6)举办安全生产文艺演出、放映安全生产音像制品。

(7)组织家属做职工安全生产思想工作。

6)班前安全活动

班组长在班前进行上岗交流、上岗教育,做好上岗记录。

(1)上岗交底。明确当天的作业环境、气候情况、主要工作内容和各个环节的操作安全要求,以及特殊工种的配合等。

(2)上岗检查。检查上岗人员的劳动防护情况,每个岗位周围作业环境是否安全无患,机械设备的安全保险装置是否完好有效,以及各类安全技术措施的落实情况等。

3. 建筑施工企业三类人员安全教育培训

为规范对建筑施工企业主要负责人、项目负责人、专职安全生产管理人员的安全生产考核工作,建设部于 2004 年制定了《中央管理的建筑施工企业(集团公司、总公司)主要负责人、项目负责人和专职安全生产管理人员安全生产考核管理实施细则》。由于不同的对象对掌握的知识和内容有所区别,因此三类人员安全教育的内容、方式应依对象的不同而不同。

1)建筑施工企业负责人的安全教育培训内容

(1)国家有关安全生产的方针政策、法律法规、部门规章、标准及有关规范性文件,本地区有关安全生产的法规、规章、标准及规范性文件;

(2)建筑施工企业安全生产管理的基本知识和相关专业知识;

(3)重、特大事故防范、应急救援措施,报告制度及调查处理方法;

(4)企业安全生产责任制和安全生产规章制度的内容、制定方法;

(5)国内外先进的安全生产管理经验;

(6)典型事故案例分析。

通过对建筑施工企业的负责人进行安全教育培训,使他们在思想和意识上树立"安全第一"的哲学观、尊重人的情感观、安全是效益的经济观、预防为主的科学观。

2)项目负责人的安全教育培训内容

(1)国家有关安全生产的方针政策、法律法规、部门规章、标准及有关规范性文件,本地区有关安全生产的法规、规章、标准及规范性文件;

(2)重大事故防范、应急救援措施,报告制度及调查处理方法;

(3)企业和项目安全生产责任制和安全生产规章制度的内容、制定方法;

(4)施工现场安全生产监督检查的内容和方法;

(5)国内外安全生产管理经验;

(6)典型事故案例分析。

通过对项目负责人进行安全教育培训,促进他们掌握多学科的安全技术知识,提高安全生产管理水平,熟悉国家的安全生产法规、规章制度体系,具备安全系统理论、现代安全管理、安全决策技术、安全生产规律、安全生产基本理论和安全规程的知识。

3)专职安全生产管理人员的安全教育培训内容

(1)国家有关安全生产的方针政策、法律法规、部门规章、标准及有关规范性文件,本地区有关安全生产的法规、规章、标准及规范性文件;

(2)重大事故防范、应急救援措施,报告制度、调查处理方法以及防护救护方法;

(3)企业和项目安全生产责任制和安全生产规章制度;

(4)施工现场安全监督检查的内容和方法;

(5)典型事故案例分析。

通过对企业专职安全管理人员进行安全教育培训,使他们具有全面的安全知识。

1.4.7　建设工程和拆除工程备案制度

1. 建设工程备案制度

对依法批准开工报告的建设工程,建设单位应当按照《建设工程安全生产管理条例》的要求,自开工报告批准之日起 15 日内,将保证安全施工的措施报送建设工程所在地的县级以上地方人民政府建设行政主管部门或者其他有关部门备案。

2. 拆除工程备案制度

依据《建设工程安全生产管理条例》,建设单位应当将拆除工程发包给具有相应资质等级的施工单位。建设单位应当在拆除工程施工 15 日前,将下列资料报送建设工程所在地的县级以上地方人民政府建设行政主管部门或者其他有关部门备案:

(1)施工单位资质等级证明;

(2)拟拆除建筑物、构筑物及可能危及毗邻建筑的说明;

(3)拆除施工组织方案;

(4)堆放、清除废弃物的措施。

实施爆破作业的,应当遵守国家有关民用爆炸物品管理的规定。

1.4.8　特种作业人员持证上岗制度

《建设工程安全生产管理条例》第二十五条规定:垂直运输机械作业人员、起重机械安装拆卸工、爆破作业人员、起重信号工、登高架设作业人员等特种作业人员,必须按照国家有关规定经过专门的安全作业培训,并取得特种作业操作资格证书后,方可上岗作业。

对于特种作业人员的范围,住建部 2008 年 4 月发布了《建筑施工特种作业人员管理规定》(建质〔2008〕75 号),明确特种作业包括:建筑电工、建筑架子工、建筑起重信号司索工、建筑起重机械司机、建筑起重机械安装拆卸工、高处作业吊篮安装拆卸工、经省级以上人民政府建设主管部门认定的其他特种作业。

特种作业人员必须按照规定经过专门的安全作业培训,并取得特种作业操作资格证书后,方可上岗作业。专门的安全作业培训,是指由有关主管部门组织的专门针对特种作业人员的培训,也就是特种作业人员在独立上岗作业前,必须进行与本工种相适应的、专门的安全技术理论学习和实际操作训练。经培训考核合格,取得特种作业操作资格证书后,才能上岗作业。特种作业操作资格证书在全国范围内有效。未经培训考核,即从事特种作业的,将会受到《建设工程安全生产管理条例》第六十二条的处罚:责令限期改正;逾期未改正的,责令停业整顿,依照《安全生产法》的有关规定处以罚款;造成重大安全事故,构成犯罪的,对直接责任人员,依照《中华人民共和国刑法》(2009 年 2 月 28 日修正,主席令第 10 号)(以下简称《刑法》)有关规定追究刑事责任。

1. 特种作业定义

根据《建筑施工特种作业人员管理规定》,建筑施工特种作业人员是指在房屋建筑和市政工程施工活动中,从事可能对本人、他人及周围设备设施的安全造成重大危害作业的人员。

2．特种作业人员具备的条件

（1）年满 18 周岁且符合相关工种规定的年龄要求；

（2）经医院体检合格且无妨碍从事相应特种作业的疾病和生理缺陷；

（3）初中及以上学历；

（4）符合相应特种作业需要的其他条件。

3．考核、发证

（1）考核发证工作，由省、自治区、直辖市人民政府建设主管部门或其委托的考核发证机构负责组织实施。

（2）考核内容应当包括安全技术理论和实际操作。

（3）考核合格的，自考核结果公布之日起 10 个工作日内颁发资格证书。

（4）资格证书应当采用国务院建设主管部门规定的统一样式，由考核发证机关编号后签发。资格证书在全国通用。

1.4.9　专项施工方案专家论证审查制度

依据《建设工程安全生产管理条例》第二十六条的规定，施工单位应当在施工组织设计中编制安全技术措施和施工现场临时用电方案，对达到一定规模的危险性较大的分部分项工程编制专项施工方案，并附具安全验算结果，经施工单位技术负责人、总监理工程师签字后实施，由专职安全生产管理人员进行现场监督。《危险性较大的分部分项工程安全管理办法》（建质〔2009〕87 号）规定，对于超过一定规模的危险性较大的分部分项工程，施工单位应当组织专家对专项方案进行论证。《危险性较大的分部分项工程安全管理办法》还规定了安全专项施工方案的内容、论证会的参加人员、专家的条件、论证内容等。

施工企业应根据论证审查报告完善专项施工方案，施工企业技术负责人、总监理工程师签字后，方可实施。专家组书面论证审查报告应作为安全专项施工方案的附件。在实施过程中，施工企业应严格按照安全专项方案组织施工。

1.4.10　建筑起重机械安全监督管理制度

建筑起重机械，是指纳入《特种设备目录》（国质检锅〔2004〕31 号），在房屋建筑工地和市政工程工地安装、拆卸、使用的起重机械。

《建设工程安全生产管理条例》第三十五条规定：施工单位应当自施工起重机械和整体提升脚手架、模板等自升式架设设施验收合格之日起 30 日内，向建设行政主管部门或者其他有关部门登记。登记标志应当置于或者附着于该设备的显著位置。该条内容规定了施工起重机械使用时必须进行登记的管理制度。2008 年 1 月 8 日建设部发布的《建筑起重机械安全监督管理规定》（建设部令第 166 号）和 2008 年 4 月 18 日住建部印发的《建筑起重机械备案登记办法》（建质〔2008〕76 号）中，对建筑起重机械的租赁、安装、拆卸、使用及其监督管理进行了详细规定。

出租单位出租的建筑起重机械和使用单位购置、租赁、使用的建筑起重机械应当具有特种设备制造许可证、产品合格证、制造监督检验证明。出租单位在建筑起重机械首次出租前,自购建筑起重机械的使用单位在建筑起重机械首次安装前,应当持建筑起重机械特种设备制造许可证、产品合格证和制造监督检验证明到本单位工商注册所在地县级以上地方人民政府建设主管部门办理备案。出租单位应当在签订的建筑起重机械租赁合同中,明确租赁双方的安全责任,并出具建筑起重机械特种设备制造许可证、产品合格证、制造监督检验证明、备案证明和自检合格证明,提交安装使用说明书。

有下列情形之一的建筑起重机械,不得出租、使用:

(1)属国家明令淘汰或者禁止使用的;

(2)超过安全技术标准或者制造厂家规定的使用年限的;

(3)经检验达不到安全技术标准规定的;

(4)没有完整安全技术档案的;

(5)没有齐全有效的安全保护装置的。

出租单位、自购建筑起重机械的使用单位,应当建立建筑起重机械安全技术档案。建筑起重机械安全技术档案应当包括以下资料:

(1)购销合同、制造许可证、产品合格证、制造监督检验证明、安装使用说明书、备案证明等原始资料;

(2)定期检验报告、定期自行检查记录、定期维护保养记录、维修和技术改造记录、运行故障和生产安全事故记录、累计运转记录等运行资料;

(3)历次安装验收资料。

从事建筑起重机械安装、拆卸活动的单位(以下简称安装单位)应当依法取得建设主管部门颁发的相应资质和建筑施工企业安全生产许可证,并在其资质许可范围内承揽建筑起重机械安装、拆卸工程。

建筑起重机械使用单位和安装单位应当在签订的建筑起重机械安装、拆卸合同中明确双方的安全生产责任。实行施工总承包的,施工总承包单位应当与安装单位签订建筑起重机械安装、拆卸工程安全协议书。

安装单位应当履行下列安全职责:

(1)按照安全技术标准及建筑起重机械性能要求,编制建筑起重机械安装、拆卸工程专项施工方案,并由本单位技术负责人签字;

(2)按照安全技术标准及安装使用说明书等检查建筑起重机械及现场施工条件;

(3)组织安全施工技术交底并签字确认;

(4)制定建筑起重机械安装、拆卸工程生产安全事故应急救援预案;

(5)将建筑起重机械安装、拆卸工程专项施工方案,安装、拆卸人员名单,安装、拆卸时间等材料报施工总承包单位和监理单位审核后,告知工程所在地县级以上地方人民政府建设主管部门。

安装单位应当按照建筑起重机械安装、拆卸工程专项施工方案及安全操作规程组织安装、拆卸作业。安装单位的专业技术人员、专职安全生产管理人员应当进行现场监督,技术负责人应当定期巡查。建筑起重机械安装完毕后,安装单位应当按照安全技术标准及安装使用说明书的有关要求对建筑起重机械进行自检、调试和试运转。自检合格的,应当出具自检合格证明,并向使用单位进行安全使用说明。

安装单位应当建立建筑起重机械安装、拆卸工程档案。建筑起重机械安装、拆卸工程档案应当包括以下资料：

（1）安装、拆卸合同及安全协议书；

（2）安装、拆卸工程专项施工方案；

（3）安全施工技术交底的有关资料；

（4）安装工程验收资料；

（5）安装、拆卸工程生产安全事故应急救援预案。

建筑起重机械安装完毕后，使用单位应当组织出租、安装、监理等有关单位进行验收，或者委托具有相应资质的检验检测机构进行验收。建筑起重机械经验收合格后方可投入使用，未经验收或者验收不合格的不得使用。实行施工总承包的，由施工总承包单位组织验收。

建筑起重机械在验收前应当经有相应资质的检验检测机构监督检验合格。检验检测机构和检验检测人员对检验检测结果、鉴定结论依法承担法律责任。

使用单位应当自建筑起重机械安装验收合格之日起 30 日内，将建筑起重机械安装验收资料、建筑起重机械安全管理制度、特种作业人员名单等，向工程所在地县级以上地方人民政府建设主管部门办理建筑起重机械使用登记。登记标志置于或者附着于该设备的显著位置。使用单位应当履行下列安全职责：

（1）根据不同施工阶段、周围环境以及季节、气候的变化，对建筑起重机械采取相应的安全防护措施；

（2）制定建筑起重机械生产安全事故应急救援预案；

（3）在建筑起重机械活动范围内设置明显的安全警示标志，对集中作业区做好安全防护；

（4）设置相应的设备管理机构或者配备专职的设备管理人员；

（5）指定专职设备管理人员、专职安全生产管理人员进行现场监督检查；

（6）建筑起重机械出现故障或者发生异常情况的，立即停止使用，消除故障和事故隐患后，方可重新投入使用。

使用单位应当对在用的建筑起重机械及其安全保护装置、吊具、索具等进行经常性和定期的检查、维护和保养，并做好记录。使用单位在建筑起重机械租期结束后，应当将定期检查、维护和保养记录移交出租单位。

建筑起重机械租赁合同对建筑起重机械的检查、维护、保养另有约定的，从其约定。

建筑起重机械在使用过程中需要附着的，使用单位应当委托原安装单位或者具有相应资质的安装单位按照专项施工方案实施，并按照规定组织验收。验收合格后方可投入使用。建筑起重机械在使用过程中需要顶升的，使用单位委托原安装单位或者具有相应资质的安装单位按照专项施工方案实施后，即可投入使用。禁止擅自在建筑起重机械上安装非原制造厂制造的标准节和附着装置。

施工总承包单位应当履行下列安全职责：

（1）向安装单位提供拟安装设备位置的基础施工资料，确保建筑起重机械进场安装、拆卸所需的施工条件；

（2）审核建筑起重机械的特种设备制造许可证、产品合格证、制造监督检验证明、备案证明等文件；

（3）审核安装单位、使用单位的资质证明、安全生产许可证和特种作业人员的特种作业操作资格证书；

（4）审核安装单位制定的建筑起重机械安装、拆卸工程专项施工方案和生产安全事故应急救援预案；

（5）审核使用单位制定的建筑起重机械生产安全事故应急救援预案；

（6）指定专职安全生产管理人员监督检查建筑起重机械安装、拆卸、使用情况；

（7）施工现场有多台塔式起重机作业时，应当组织制定并实施防止塔式起重机相互碰撞的安全措施。

监理单位应当履行下列安全职责：

（1）审核建筑起重机械特种设备制造许可证、产品合格证、制造监督检验证明、备案证明等文件；

（2）审核建筑起重机械安装单位、使用单位的资质证书、安全生产许可证和特种作业人员的特种作业操作资格证书；

（3）审核建筑起重机械安装、拆卸工程专项施工方案；

（4）监督安装单位执行建筑起重机械安装、拆卸工程专项施工方案情况；

（5）监督检查建筑起重机械的使用情况；

（6）发现存在安全事故隐患的，应当要求安装单位、使用单位限期整改，安装单位、使用单位拒不整改的，应及时向建设单位报告。

依法发包给两个及两个以上施工单位的工程，不同施工单位在同一施工现场使用多台塔式起重机作业时，建设单位应当协调组织制定防止塔式起重机相互碰撞的安全措施。

建筑起重机械安装拆卸工、起重信号工、起重司机、司索工等特种作业人员应当经建设主管部门考核合格，并取得特种作业操作资格证书后，方可上岗作业。建筑起重机械特种作业人员应当遵守建筑起重机械安全操作规程和安全管理制度，在作业中有权拒绝违章指挥和强令冒险作业，有权在发生危及人身安全的紧急情况下立即停止作业或者采取必要的应急措施后撤离危险区域。

建设主管部门履行安全监督检查职责时，有权采取下列措施：

（1）要求被检查的单位提供有关建筑起重机械的文件和资料；

（2）进入被检查单位和被检查单位的施工现场进行检查；

（3）对检查中发现的建筑起重机械生产安全事故隐患，责令立即排除；

（4）重大生产安全事故隐患排除前或者排除过程中无法保证安全的，责令从危险区域撤出作业人员或者暂时停止施工。

1.4.11　危及施工安全的工艺、设备、材料淘汰制度

《建设工程安全生产管理条例》第四十五条规定：国家对严重危及施工安全的工艺、设备、材料实行淘汰制度。具体目录由国务院建设行政主管部门会同国务院其他有关部门制定并公布。本条是关于对严重危及施工安全的工艺、设备、材料实行淘汰制度的规定。

严重危及施工安全的工艺、设备、材料是指不符合生产安全要求,极可能导致生产安全事故发生,致使人民生命和财产遭受重大损失的工艺、设备和材料。工艺、设备和材料,在建设活动中属于物的因素,相对于人的因素来说,这种因素对安全生产的影响是一种"硬约束",即只要使用了严重危及施工安全的工艺、设备和材料,即使安全管理措施再严格,人的作用发挥得再充分,也仍旧难以避免安全生产事故的产生。因此,工艺、设备和材料与建设施工安全息息相关。

对于已经公布的严重危及施工安全的工艺、设备和材料,建设单位和施工单位都应当严格遵守和执行淘汰制度,不得继续使用此类工艺和设备,也不得转让他人使用。

1.4.12 生产安全事故报告制度

《建设工程安全生产管理条例》第五十条对建设工程生产安全事故报告制度的规定为:施工单位发生生产安全事故,应当按照国家有关伤亡事故报告和调查处理的规定,及时、如实地向负责安全生产监督管理的部门、建设行政主管部门或者其他有关部门报告;特种设备发生事故的,还应当同时向特种设备安全监督管理部门报告。……实行施工总承包的建设工程,由总承包单位负责上报事故。本条是关于发生伤亡事故时的报告义务的规定。

一旦发生安全事故,及时报告有关部门是及时组织抢救的基础,也是认真进行调查、分清责任的基础。因此,施工单位在发生安全事故时,不能隐瞒事故情况。

对于生产安全事故报告制度,我国的《安全生产法》、《建筑法》等对生产安全事故报告作了相应的规定。如《安全生产法》第七十条规定:生产经营单位发生生产安全事故后,事故现场有关人员应当立即报告本单位负责人。单位负责人接到事故报告后,应当迅速采取有效措施,组织抢救,防止事故扩大,减少人员伤亡和财产损失,并按照国家有关规定立即如实报告当地负有安全生产监督管理职责的部门,不得隐瞒不报、谎报或者拖延不报,不得故意破坏事故现场、毁灭有关证据。《建筑法》第五十一条规定:施工中发生事故时,建筑施工企业应当采取紧急措施减少人员伤亡和事故损失,并按照国家有关规定及时向有关部门报告。

施工单位发生生产安全事故,应当按照国家有关伤亡事故报告和调查处理的规定,及时、如实地向负责安全生产监督管理的部门、建设行政主管部门或者其他有关部门报告。负责安全生产监督管理的部门对全国的安全生产工作负有综合监督管理的职能,因此必须了解企业事故的情况。同时,有关调查处理的工作也需要由其来组织,所以施工单位应当向负责安全生产监督管理的部门报告事故情况。建设行政主管部门是建设安全生产的监督管理部门,对建设安全生产实行的是统一的监督管理,因此各个行业的建设施工中出现了安全事故,都应当向建设行政主管部门报告。

2007年6月1日起施行的《生产安全事故报告和调查处理条例》(国务院令第493号)对安全事故的报告和调查处理做出了明确的规定。

事故报告应当及时、准确、完整,任何单位和个人对事故不得迟报、漏报、谎报或者瞒报。

1. 事故报告程序

（1）事故发生后，事故现场有关人员应当立即向本单位负责人报告；单位负责人接到报告后，应当于1小时内向事故发生地县级以上人民政府安全生产监督管理部门和负有安全生产监督管理职责的有关部门报告。

（2）情况紧急时，事故现场有关人员可以直接向事故发生地县级以上人民政府安全生产监督管理部门和负有安全生产监督管理职责的有关部门报告。

2. 事故报告内容

事故报告应当包括下列内容：

（1）事故发生单位概况；

（2）事故发生的时间、地点以及事故现场情况；

（3）事故的简要经过；

（4）事故已经造成或者可能造成的伤亡人数（包括下落不明的人数）和初步估计的直接经济损失；

（5）已经采取的措施；

（6）其他应当报告的情况。

3. 事故补报及处理

事故报告后出现新情况的，应当及时补报。自事故发生之日起30日内，事故造成的伤亡人数发生变化的，应当及时补报。事故发生单位负责人接到事故报告后，应当立即启动事故相应应急预案，或者采取有效措施，组织抢救，防止事故扩大，减少人员伤亡和财产损失。事故发生后，有关单位和人员应当妥善保护事故现场以及相关证据，任何单位和个人不得破坏事故现场、毁灭相关证据。因抢救人员、防止事故扩大以及疏通交通等原因，需要移动事故现场物件的，应当做出标志，绘制现场简图并做出书面记录，妥善保存现场重要痕迹、物证。

《建设工程安全生产管理条例》还规定了实行施工总承包的施工单位发生安全事故时的报告义务主体。本条例第二十四条规定：建设工程实行施工总承包的，由总承包单位对施工现场的安全生产负总责。因此，一旦发生安全事故，施工总承包单位应当负起及时报告的义务。

1.4.13　生产安全事故应急救援制度

1.《建设工程安全生产管理条例》应急救援预案的主要规定

（1）县级以上地方人民政府建设行政主管部门应当根据本级人民政府的要求，制定本行政区域内建设工程特大生产安全事故应急救援预案。

（2）施工单位应当制定本单位生产安全事故应急救援预案，建立应急救援组织或者配备应急救援人员，配备必要的应急救援器材、设备，并定期组织演练。

（3）施工单位应当根据建设工程施工的特点、范围，对施工现场易发生重大事故的部位、环节进行监控，制定施工现场生产安全事故应急救援预案。实行施工总承包的，由总承包单位统一组织编制建设工程生产安全事故应急救援预案，工程总承包单位和分包单位按照应急救援预案，各自建立应急救援组织或者配备应急救援人员，配备救援器材、设备,并定期组织演练。

2. 现场应急预案的编制和管理

施工单位应当按照《生产安全事故应急预案管理办法》(2009 年 4 月 1 日公布,国家安全生产监督管理总局令第 17 号)进行现场应急预案的编制和管理。

1) 现场应急预案的编制

应急预案应与安全保证措施同步编写。根据对危险源与不利环境因素的识别结果,确定可能发生的事故或紧急情况,规定危险源控制措施失效时所采取的补充措施和抢救行动,以及针对可能随之引发的伤害和其他影响所采取的措施。

应急预案应规定事故应急救援工作的全过程。

应急预案应适用于施工现场范围内可能出现的事故或紧急情况的救援和处理。

(1) 应急预案中应明确:应急救援组织、职责和人员的安排,应急救援器材、设备的准备和平时的维护保养。

(2) 在作业场所发生事故时,组织抢救、保护事故现场的安排,包括如何抢救,使用什么器材、设备等。

(3) 内部和外部联系的方法、渠道。根据事故性质,制定在多少时间内由谁如何向企业上级、政府主管部门和其他有关部门报告,需要通知的有关的近邻及消防、救险、医疗等单位的联系方式。

(4) 工作场所内全体人员如何疏散的要求。

(5) 应急救援的方案在上级批准以后,项目施工管理机构还应该根据实际情况定期和不定期举行应急救援的演练,检验应急准备工作的能力。

2) 现场应急预案的审核和确认

由施工现场项目经理部的上级有关部门,对应急预案的适宜性进行审核和确认。

3) 现场应急救援预案的内容

应急救援预案的内容可参照《生产经营单位安全生产事故应急预案编制导则》(AQT 9002—2006)。

1.4.14　意外伤害保险制度

根据《建筑法》第四十八条规定,建筑职工意外伤害保险是法定的强制性保险。《建设工程安全生产管理条例》也对意外伤害保险做出了规定。建设部于 2003 年 5 月 23 日印发了《建设部关于加强建筑意外伤害保险工作的指导意见》(建质〔2003〕107 号),对加强和规范建筑意外伤害保险工作提出了较详尽的规定,明确了建筑施工企业应当为施工现场从事施工作业和管理的人员,在施工活动过程中发生的人身意外伤亡事故提供保障,办理建筑意外伤害保险、支付保险费,范围应当覆盖工程项目。同时,还对保险期限、金额、保费、投保方式、索赔、安全服务及行业自保等都提出了指导性意见,其内容如下。

1. 建筑意外伤害保险的范围

建筑施工企业应当为施工现场从事施工作业和管理的人员,在施工活动过程中发生的人身意外伤亡事故提供保障,办理建筑意外伤害保险、支付保险费。范围应当覆盖工程项目。已在企业所在地参加工伤保险的人员,从事现场施工时仍可参加建筑意外伤害保险。各地建设行政主管部门可根据本地区实际情况,规定建筑意外伤害保险的附加险要求。

2. 建筑意外伤害保险的保险期限

保险期限应涵盖工程项目开工之日到工程竣工验收合格日。提前竣工的,保险责任自行终止。延长工期的,应当办理保险顺延手续。

3. 建筑意外伤害保险的保险金额

各地建设行政主管部门结合本地区实际情况,确定合理的最低保险金额。最低保险金额要能够保障施工伤亡人员得到有效的经济补偿。施工企业办理建筑意外伤害保险时,投保的保险金额不得低于此标准。

4. 建筑意外伤害保险的保险费

保险费应当列入建筑安装工程费用。保险费由施工企业支付,施工企业不得向职工摊派。

施工企业和保险公司双方应本着平等协商的原则,根据各类风险因素商定建筑意外伤害保险费率,提倡差别费率和浮动费率。差别费率可与工程规模、类型、工程项目风险程度和施工现场环境等因素挂钩,浮动费率可与施工企业安全生产业绩、安全生产管理状况等因素挂钩。对重视安全生产管理、安全业绩好的企业可采用下浮费率,对安全生产业绩差、安全管理不善的企业可采用上浮费率。通过浮动费率机制,激励投保企业安全生产的积极性。

5. 建筑意外伤害保险的投保

施工企业应在工程项目开工前,办理完投保手续。鉴于工程建设项目施工工艺流程中各工种调动频繁、用工流动性大,投保应实行不记名和不计人数的方式。工程项目中有分包单位的,由总承包施工企业统一办理,分包单位合理承担投保费用。业主直接发包的工程项目,由承包企业直接办理。

各级建设行政主管部门把在建工程项目开工前是否投保建筑意外伤害保险情况作为审查企业安全生产条件的重要内容之一;未投保的工程项目,不予发放施工许可证。

投保人办理投保手续后,应将投保的有关信息,以布告形式张贴于施工现场,告之被保险人。

第 2 章　建设工程安全责任

2.1　概　述

2002 年开始实施的《安全生产法》,对生产经营单位和管理部门的安全责任作出了明确的规定。1998 年开始实施的《建筑法》"第五章　建筑安全生产管理"规定了有关部门和单位的安全生产责任。2004 年开始实施的《建设工程安全生产管理条例》对各级部门和建设工程有关单位的安全责任作了更明确的规定。《建设工程安全生产管理条例》第四条规定:建设单位、勘察单位、设计单位、施工单位、工程监理单位及其他与建设工程安全生产有关的单位,必须遵守安全生产法律、法规的规定,保证建设工程安全生产,依法承担建设工程安全生产责任。

监理单位要做好安全监理工作,必须弄清政府管理部门、建设各方在建设工程安全生产管理中的责任,从而知道该向谁报告工作,该向谁提建议,该向谁下指令,采取什么程序和手段。尤其应明白自身的安全责任,准确定位,以达到提高效率,规避风险的目的。

2.2　建设各方的安全责任

2.2.1　监管部门的安全责任

1.《安全生产法》规定的监管部门的安全责任(楷体字为原文,下同)

第五十四条　依照本法第九条规定对安全生产负有监督管理职责的部门(以下统称负有安全生产监督管理职责的部门)依照有关法律、法规的规定,对涉及安全生产的事项需要审查批准(包括批准、核准、许可、注册、认证、颁发证照等,下同)或者验收的,必须严格依照有关法律、法规和国家标准或者行业标准规定的安全生产条件和程序进行审查;不符合有关法律、法规和国家标准或者行业标准规定的安全生产条件的,不得批准或者验收通过。对未依法取得批准或者验收合格的单位擅自从事有关活动的,负责行政审批的部门发现或者接到举报后应当立即予以取缔,并依法予以处理。对已经依法取得批准的单位,负责行政审批的部门发现其不再具备安全生产条件的,应当撤销原批准。

第五十六条　负有安全生产监督管理职责的部门依法对生产经营单位执行有关安全生产的法律、法规和国家标准或者行业标准的情况进行监督检查,行使以下职权:

(一)进入生产经营单位进行检查,调阅有关资料,向有关单位和人员了解情况。

(二)对检查中发现的安全生产违法行为,当场予以纠正或者要求限期改正;对依法应当给予行政处罚的行为,依照本法和其他有关法律、行政法规的规定作出行政处罚决定。

（三）对检查中发现的事故隐患，应当责令立即排除；重大事故隐患排除前或者排除过程中无法保证安全的，应当责令从危险区域内撤出作业人员，责令暂时停产停业或者停止使用；重大事故隐患排除后，经审查同意，方可恢复生产经营和使用。

（四）对有根据认为不符合保障安全生产的国家标准或者行业标准的设施、设备、器材予以查封或者扣押，并应当在十五日内依法作出处理决定。

监督检查不得影响被检查单位的正常生产经营活动。

第五十七条　生产经营单位对负有安全生产监督管理职责的部门的监督检查人员（以下统称安全生产监督检查人员）依法履行监督检查职责，应当予以配合，不得拒绝、阻挠。

第五十八条　安全生产监督检查人员应当忠于职守，坚持原则，秉公执法。

安全生产监督检查人员执行监督检查任务时，必须出示有效的监督执法证件；对涉及被检查单位的技术秘密和业务秘密，应当为其保密。

第五十九条　安全生产监督检查人员应当将检查的时间、地点、内容、发现的问题及其处理情况，作出书面记录，并由检查人员和被检查单位的负责人签字；被检查单位的负责人拒绝签字的，检查人员应当将情况记录在案，并向负有安全生产监督管理职责的部门报告。

第六十条　负有安全生产监督管理职责的部门在监督检查中，应当互相配合，实行联合检查；确需分别进行检查的，应当互通情况，发现存在的安全问题应当由其他有关部门进行处理的，应当及时移送其他有关部门并形成记录备查，接受移送的部门应当及时进行处理。

第六十三条　负有安全生产监督管理职责的部门应当建立举报制度，公开举报电话、信箱或者电子邮件地址，受理有关安全生产的举报；受理的举报事项经调查核实后，应当形成书面材料；需要落实整改措施的，报经有关负责人签字并督促落实。

2.《建筑法》规定的监管部门的安全责任

第六条　国务院建设行政主管部门对全国的建筑活动实施统一监督管理。

第四十三条　建设行政主管部门负责建筑安全生产的管理，并依法接受劳动行政主管部门对建筑安全生产的指导和监督。

3.《建设工程安全生产管理条例》规定的管理部门的安全责任

第三十九条　国务院负责安全生产监督管理的部门依照《中华人民共和国安全生产法》的规定，对全国建设工程安全生产工作实施综合监督管理。

县级以上地方人民政府负责安全生产监督管理的部门依照《中华人民共和国安全生产法》的规定，对本行政区域内建设工程安全生产工作实施综合监督管理。

第四十条　国务院建设行政主管部门对全国的建设工程安全生产实施监督管理。国务院铁路、交通、水利等有关部门按照国务院规定的职责分工，负责有关专业建设工程安全生产的监督管理。

县级以上地方人民政府建设行政主管部门对本行政区域内的建设工程安全生产实施监督管理。县级以上地方人民政府交通、水利等有关部门在各自的职责范围内，负责本行政区域内的专业建设工程安全生产的监督管理。

第四十二条　建设行政主管部门在审核发放施工许可证时,应当对建设工程是否有安全施工措施进行审查,对没有安全施工措施的,不得颁发施工许可证。

第四十三条　县级以上人民政府负有建设工程安全生产监督管理职责的部门在各自的职责范围内履行安全监督检查职责时,有权采取下列措施:

(一)要求被检查单位提供有关建设工程安全生产的文件和资料;

(二)进入被检查单位施工现场进行检查;

(三)纠正施工中违反安全生产要求的行为;

(四)对检查中发现的安全事故隐患,责令立即排除,重大安全事故隐患排除前或者排除过程中无法保证安全的,责令从危险区域内撤出作业人员或者暂时停止施工。

第四十四条　建设行政主管部门或者其他有关部门可以将施工现场的监督检查委托给建设工程安全监督机构具体实施。

第四十六条　县级以上人民政府建设行政主管部门和其他有关部门应当及时受理对建设工程生产安全事故及安全事故隐患的检举、控告和投诉。

2.2.2　建设单位的安全责任

1.《建筑法》规定的建设单位的安全责任

第七条　建筑工程开工前,建设单位应当按照国家有关规定向工程所在地县级以上人民政府建设行政主管部门申请领取施工许可证;但是,国务院建设行政主管部门确定的限额以下的小型工程除外。

按照国务院规定的权限和程序批准开工报告的建筑工程,不再领取施工许可证。

第八条　申请领取施工许可证,应当具备下列条件:

(一)已经办理该建筑工程用地批准手续;

(二)在城市规划区的建筑工程,已经取得规划许可证;

(三)需要拆迁的,其拆迁进度符合施工要求;

(四)已经确定建筑施工企业;

(五)有满足施工需要的施工图纸及技术资料;

(六)有保证工程质量和安全的具体措施;

(七)建设资金已经落实;

(八)法律、行政法规规定的其他条件。

第九条　建设单位应当自领取施工许可证之日起三个月内开工。因故不能按期开工的,应当向发证机关申请延期;延期以两次为限,每次不超过三个月。既不开工又不申请延期或者超过延期时限的,施工许可证自行废止。

第十条　在建的建筑工程因故中止施工的,建设单位应当自中止施工之日起一个月内,向发证机关报告,并按照规定做好建筑工程的维护管理工作。

建筑工程恢复施工时,应当向发证机关报告;中止施工满一年的工程恢复施工前,建设单位应当报发证机关核验施工许可证。

第十一条　按照国务院有关规定批准开工报告的建筑工程,因故不能按期开工或者中止施工的,应当及时向批准机关报告情况。因故不能按期开工超过六个月的,应当重新办理开工报告的批准手续。

第四十二条　有下列情形之一的,建设单位应当按照国家有关规定办理申请批准手续:

(一)需要临时占用规划批准范围以外场地的;

(二)可能损坏道路、管线、电力、邮电通讯等公共设施的;

(三)需要临时停水、停电、中断道路交通的;

(四)需要进行爆破作业的;

(五)法律、法规规定需要办理报批手续的其他情形。

2.《建设工程安全生产管理条例》规定的建设单位的安全责任

第六条　建设单位应当向施工单位提供施工现场及毗邻区域内供水、排水、供电、供气、供热、通信、广播电视等地下管线资料,气象和水文观测资料,相邻建筑物和构筑物、地下工程的有关资料,并保证资料的真实、准确、完整。

第七条　建设单位不得对勘察、设计、施工、工程监理等单位提出不符合建设工程安全生产法律、法规和强制性标准规定的要求,不得压缩合同约定的工期。

第八条　建设单位在编制工程概算时,应当确定建设工程安全作业环境及安全施工措施所需费用。

第九条　建设单位不得明示或者暗示施工单位购买、租赁、使用不符合安全施工要求的安全防护用具、机械设备、施工机具及配件、消防设施和器材。

第十条　建设单位在申请领取施工许可证时,应当提供建设工程有关安全施工措施的资料。

依法批准开工报告的建设工程,建设单位应当自开工报告批准之日起15日内,将保证安全施工的措施报送建设工程所在地的县级以上地方人民政府建设行政主管部门或者其他有关部门备案。

第十一条　建设单位应当将拆除工程发包给具有相应资质等级的施工单位。

建设单位应当在拆除工程施工15日前,将下列资料报送建设工程所在地的县级以上地方人民政府建设行政主管部门或者其他有关部门备案:

(一)施工单位资质等级证明;

(二)拟拆除建筑物、构筑物及可能危及毗邻建筑的说明;

(三)拆除施工组织方案;

(四)堆放、清除废弃物的措施。

实施爆破作业的,应当遵守国家有关民用爆炸物品管理的规定。

2.2.3　勘察设计单位的安全责任

1.《建筑法》规定的勘察设计单位的安全责任

第三十七条　建筑工程设计应当符合按照国家规定制定的建筑安全规程和技术规范,保证工程的安全性能。

第五十二条　建筑工程勘察、设计、施工的质量必须符合国家有关建筑工程安全标准的要求……

第五十六条　建筑工程的勘察、设计单位必须对其勘察、设计的质量负责。勘察、设计文件应当符合有关法律、行政法规的规定和建筑工程质量、安全标准,建筑工程勘察、设计技术规范以及合同的约定。设计文件选用的建筑材料、建筑构配件和设备,应当注明其规格、型号、性能等技术指标,其质量要求必须符合国家规定的标准。

第五十七条　建筑设计单位对设计文件选用的建筑材料、建筑构配件和设备,不得指定生产厂、供应商。

2.《建设工程安全生产管理条例》规定的勘察设计单位的安全责任

第十二条　勘察单位应当按照法律、法规和工程建设强制性标准进行勘察,提供的勘察文件应当真实、准确,满足建设工程安全生产的需要。

勘察单位在勘察作业时,应当严格执行操作规程,采取措施保证各类管线、设施和周边建筑物、构筑物的安全。

第十三条　设计单位应当按照法律、法规和工程建设强制性标准进行设计,防止因设计不合理导致生产安全事故的发生。

设计单位应当考虑施工安全操作和防护的需要,对涉及施工安全的重点部位和环节在设计文件中注明,并对防范生产安全事故提出指导意见。

采用新结构、新材料、新工艺的建设工程和特殊结构的建设工程,设计单位应当在设计中提出保障施工作业人员安全和预防生产安全事故的措施建议。

设计单位和注册建筑师等注册执业人员应当对其设计负责。

2.2.4　施工单位的安全责任

1.《安全生产法》规定的施工单位的安全责任

第四条　生产经营单位必须遵守本法和其他有关安全生产的法律、法规,加强安全生产管理,建立、健全安全生产责任制度,完善安全生产条件,确保安全生产。

第五条　生产经营单位的主要负责人对本单位的安全生产工作全面负责。

第十条　……生产经营单位必须执行依法制定的保障安全生产的国家标准或者行业标准。

第十六条　生产经营单位应当具备本法和有关法律、行政法规和国家标准或者行业标准规定的安全生产条件;不具备安全生产条件的,不得从事生产经营活动。

第十七条　生产经营单位的主要负责人对本单位安全生产工作负有下列职责:

(一)建立、健全本单位安全生产责任制;

(二)组织制定本单位安全生产规章制度和操作规程;

(三)保证本单位安全生产投入的有效实施;

(四)督促、检查本单位的安全生产工作,及时消除生产安全事故隐患;

(五)组织制定并实施本单位的生产安全事故应急救援预案;

(六)及时、如实报告生产安全事故。

第十八条　生产经营单位应当具备的安全生产条件所必需的资金投入,由生产经营单位的决策机构、主要负责人或者个人经营的投资人予以保证,并对由于安全生产所必需的资金投入不足导致的后果承担责任。

第十九条　矿山、建筑施工单位和危险物品的生产、经营、储存单位,应当设置安全生产管理机构或者配备专职安全生产管理人员。

前款规定以外的其他生产经营单位,从业人员超过三百人的,应当设置安全生产管理机构或者配备专职安全生产管理人员;从业人员在三百人以下的,应当配备专职或者兼职的安全生产管理人员,或者委托具有国家规定的相关专业技术资格的工程技术人员提供安全生产管理服务。

生产经营单位依照前款规定委托工程技术人员提供安全生产管理服务的,保证安全生产的责任仍由本单位负责。

第二十条　生产经营单位的主要负责人和安全生产管理人员必须具备与本单位所从事的生产经营活动相应的安全生产知识和管理能力。

危险物品的生产、经营、储存单位以及矿山、建筑施工单位的主要负责人和安全生产管理人员,应当由有关主管部门对其安全生产知识和管理能力考核合格后方可任职。考核不得收费。

第二十一条　生产经营单位应当对从业人员进行安全生产教育和培训,保证从业人员具备必要的安全生产知识,熟悉有关的安全生产规章制度和安全操作规程,掌握本岗位的安全操作技能。未经安全生产教育和培训合格的从业人员,不得上岗作业。

第二十二条　生产经营单位采用新工艺、新技术、新材料或者使用新设备,必须了解、掌握其安全技术特性,采取有效的安全防护措施,并对从业人员进行专门的安全生产教育和培训。

第二十三条　生产经营单位的特种作业人员必须按照国家有关规定经专门的安全作业培训,取得特种作业操作资格证书,方可上岗作业。

第二十八条　生产经营单位应当在有较大危险因素的生产经营场所和有关设施、设备上,设置明显的安全警示标志。

第二十九条　……生产经营单位必须对安全设备进行经常性维护、保养,并定期检测,保证正常运转。维护、保养、检测应当作好记录,并由有关人员签字。

第三十条　生产经营单位使用的涉及生命安全、危险性较大的特种设备,以及危险物品的容器、运输工具,必须按照国家有关规定,由专业生产单位生产,并经取得专业资质的检测、检验机构检测、检验合格,取得安全使用证或者安全标志,方可投入使用。

第三十二条　生产、经营、运输、储存、使用危险物品或者处置废弃危险物品的,由有关主管部门依照有关法律、法规的规定和国家标准或者行业标准审批并实施监督管理。

生产经营单位生产、经营、运输、储存、使用危险物品或者处置废弃危险物品,必须执行有关法律、法规和国家标准或者行业标准,建立专门的安全管理制度,采取可靠的安全措施,接受有关主管部门依法实施的监督管理。

第三十三条　生产经营单位对重大危险源应当登记建档,进行定期检测、评估、监控,并制定应急预案,告知从业人员和相关人员在紧急情况下应当采取的应急措施。

生产经营单位应当按照国家有关规定将本单位重大危险源及有关安全措施、应急措施报有关地方人民政府负责安全生产监督管理的部门和有关部门备案。

第三十四条　生产、经营、储存、使用危险物品的车间、商店、仓库不得与员工宿舍在同一座建筑物内,并应当与员工宿舍保持安全距离。

生产经营场所和员工宿舍应当设有符合紧急疏散要求、标志明显、保持畅通的出口。禁止封闭、堵塞生产经营场所或者员工宿舍的出口。

第三十五条　生产经营单位进行爆破、吊装等危险作业,应当安排专门人员进行现场安全管理,确保操作规程的遵守和安全措施的落实。

第三十六条　生产经营单位应当教育和督促从业人员严格执行本单位的安全生产规章制度和安全操作规程;并向从业人员如实告知作业场所和工作岗位存在的危险因素、防范措施以及事故应急措施。

第三十七条　生产经营单位必须为从业人员提供符合国家标准或者行业标准的劳动防护用品,并监督、教育从业人员按照使用规则佩戴、使用。

第三十八条　生产经营单位的安全生产管理人员应当根据本单位的生产经营特点,对安全生产状况进行经常性检查;对检查中发现的安全问题,应当立即处理;不能处理的,应当及时报告本单位有关负责人。检查及处理情况应当记录在案。

第三十九条　生产经营单位应当安排用于配备劳动防护用品、进行安全生产培训的经费。

第四十条　两个以上生产经营单位在同一作业区域内进行生产经营活动,可能危及对方生产安全的,应当签订安全生产管理协议,明确各自的安全生产管理职责和应当采取的安全措施,并指定专职安全生产管理人员进行安全检查与协调。

第四十一条　生产经营单位不得将生产经营项目、场所、设备发包或者出租给不具备安全生产条件或者相应资质的单位或者个人。

生产经营项目、场所有多个承包单位、承租单位的,生产经营单位应当与承包单位、承租单位签订专门的安全生产管理协议,或者在承包合同、租赁合同中约定各自的安全生产管理职责;生产经营单位对承包单位、承租单位的安全生产工作统一协调、管理。

第四十二条　生产经营单位发生重大生产安全事故时,单位的主要负责人应当立即组织抢救,并不得在事故调查处理期间擅离职守。

第四十三条　生产经营单位必须依法参加工伤社会保险,为从业人员缴纳保险费。

第四十四条　生产经营单位与从业人员订立的劳动合同,应当载明有关保障从业人员劳动安全、防止职业危害的事项,以及依法为从业人员办理工伤社会保险的事项。

生产经营单位不得以任何形式与从业人员订立协议,免除或者减轻其对从业人员因生产安全事故伤亡依法应承担的责任。

第六十九条　危险物品的生产、经营、储存单位以及矿山、建筑施工单位应当建立应急救援组织;生产经营规模较小,可以不建立应急救援组织的,应当指定兼职的应急救援人员。

危险物品的生产、经营、储存单位以及矿山、建筑施工单位应当配备必要的应急救援器材、设备,并进行经常性维护、保养,保证正常运转。

第七十条　生产经营单位发生生产安全事故后,事故现场有关人员应当立即报告本单位负责人。

单位负责人接到事故报告后,应当迅速采取有效措施,组织抢救,防止事故扩大,减少人员伤亡和财产损失，并按照国家有关规定立即如实报告当地负有安全生产监督管理职责的部门，不得隐瞒不报、谎报或者拖延不报，不得故意破坏事故现场、毁灭有关证据。

2.《建筑法》规定的施工单位的安全责任

第三十八条　建筑施工企业在编制施工组织设计时，应当根据建筑工程的特点制定相应的安全技术措施；对专业性较强的工程项目，应当编制专项安全施工组织设计，并采取安全技术措施。

第三十九条　建筑施工企业应当在施工现场采取维护安全、防范危险、预防火灾等措施；有条件的，应当对施工现场实行封闭管理。

施工现场对毗邻的建筑物、构筑物和特殊作业环境可能造成损害的，建筑施工企业应当采取安全防护措施。

第四十条　建设单位应当向建筑施工企业提供与施工现场相关的地下管线资料，建筑施工企业应当采取措施加以保护。

第四十一条　建筑施工企业应当遵守有关环境保护和安全生产的法律、法规的规定，采取控制和处理施工现场的各种粉尘、废气、废水、固体废物以及噪声、振动对环境的污染和危害的措施。

第四十四条　建筑施工企业必须依法加强对建筑安全生产的管理，执行安全生产责任制度，采取有效措施，防止伤亡和其他安全生产事故的发生。

建筑施工企业的法定代表人对本企业的安全生产负责。

第四十五条　施工现场安全由建筑施工企业负责。实行施工总承包的，由总承包单位负责。分包单位向总承包单位负责，服从总承包单位对施工现场的安全生产管理。

第四十六条　建筑施工企业应当建立健全劳动安全生产教育培训制度，加强对职工安全生产的教育培训；未经安全生产教育培训的人员，不得上岗作业。

第四十七条　建筑施工企业和作业人员在施工过程中，应当遵守有关安全生产的法律、法规和建筑行业安全规章、规程，不得违章指挥或者违章作业。作业人员有权对影响人身健康的作业程序和作业条件提出改进意见，有权获得安全生产所需的防护用品。作业人员对危及生命安全和人身健康的行为有权提出批评、检举和控告。

第四十八条　建筑施工企业必须为从事危险作业的职工办理意外伤害保险，支付保险费。

第五十一条　施工中发生事故时，建筑施工企业应当采取紧急措施减少人员伤亡和事故损失，并按照国家有关规定及时向有关部门报告。

3.《建设工程安全生产管理条例》规定的施工单位的安全责任

第十八条　施工起重机械和整体提升脚手架、模板等自升式架设设施的使用达到国家规定的检验检测期限的，必须经具有专业资质的检验检测机构检测。经检测不合格的，不得继续使用。

第二十条　施工单位从事建设工程的新建、扩建、改建和拆除等活动，应当具备国家规定的注册资本、专业技术人员、技术装备和安全生产等条件，依法取得相应等级的资质证书，并在其资质等级许可的范围内承揽工程。

第二十一条　施工单位主要负责人依法对本单位的安全生产工作全面负责。施工单位应当建立健全安全生产责任制度和安全生产教育培训制度,制定安全生产规章制度和操作规程,保证本单位安全生产条件所需资金的投入,对所承担的建设工程进行定期和专项安全检查,并做好安全检查记录。

施工单位的项目负责人应当由取得相应执业资格的人员担任,对建设工程项目的安全施工负责,落实安全生产责任制度、安全生产规章制度和操作规程,确保安全生产费用的有效使用,并根据工程的特点组织制定安全施工措施,消除安全事故隐患,及时、如实报告生产安全事故。

第二十二条　施工单位对列入建设工程概算的安全作业环境及安全施工措施所需费用,应当用于施工安全防护用具及设施的采购和更新、安全施工措施的落实、安全生产条件的改善,不得挪作他用。

第二十三条　施工单位应当设立安全生产管理机构,配备专职安全生产管理人员。

专职安全生产管理人员负责对安全生产进行现场监督检查。发现安全事故隐患,应当及时向项目负责人和安全生产管理机构报告;对违章指挥、违章操作的,应当立即制止。

第二十四条　建设工程实行施工总承包的,由总承包单位对施工现场的安全生产负总责。

总承包单位应当自行完成建设工程主体结构的施工。

总承包单位依法将建设工程分包给其他单位的,分包合同中应当明确各自的安全生产方面的权利、义务。总承包单位和分包单位对分包工程的安全生产承担连带责任。

分包单位应当服从总承包单位的安全生产管理,分包单位不服从管理导致生产安全事故的,由分包单位承担主要责任。

第二十五条　垂直运输机械作业人员、安装拆卸工、爆破作业人员、起重信号工、登高架设作业人员等特种作业人员,必须按照国家有关规定经过专门的安全作业培训,并取得特种作业操作资格证书后,方可上岗作业。

第二十六条　施工单位应当在施工组织设计中编制安全技术措施和施工现场临时用电方案,对下列达到一定规模的危险性较大的分部分项工程编制专项施工方案,并附具安全验算结果,经施工单位技术负责人、总监理工程师签字后实施,由专职安全生产管理人员进行现场监督:

(一)基坑支护与降水工程;

(二)土方开挖工程;

(三)模板工程;

(四)起重吊装工程;

(五)脚手架工程;

(六)拆除、爆破工程;

(七)国务院建设行政主管部门或者其他有关部门规定的其他危险性较大的工程。

对前款所列工程中涉及深基坑、地下暗挖工程、高大模板工程的专项施工方案,施工单位还应当组织专家进行论证、审查。

第二十七条　建设工程施工前,施工单位负责项目管理的技术人员应当对有关安全施工的技术要求向施工作业班组、作业人员作出详细说明,并由双方签字确认。

第二十八条　施工单位应当在施工现场入口处、施工起重机械、临时用电设施、脚手架、出入通道口、楼梯口、电梯井口、孔洞口、桥梁口、隧道口、基坑边沿、爆破物及有害危险气体和液体存放处等危险部位，设置明显的安全警示标志。安全警示标志必须符合国家标准。

施工单位应当根据不同施工阶段和周围环境及季节、气候的变化，在施工现场采取相应的安全施工措施。施工现场暂时停止施工的，施工单位应当做好现场防护，所需费用由责任方承担，或者按照合同约定执行。

第二十九条　施工单位应当将施工现场的办公、生活区与作业区分开设置，并保持安全距离；办公、生活区的选址应当符合安全性要求。职工的膳食、饮水、休息场所等应当符合卫生标准。施工单位不得在尚未竣工的建筑物内设置员工集体宿舍。

施工现场临时搭建的建筑物应当符合安全使用要求。施工现场使用的装配式活动房屋应当具有产品合格证。

第三十条　施工单位对因建设工程施工可能造成损害的毗邻建筑物、构筑物和地下管线等，应当采取专项防护措施。

施工单位应当遵守有关环境保护法律、法规的规定，在施工现场采取措施，防止或者减少粉尘、废气、废水、固体废物、噪声、振动和施工照明对人和环境的危害和污染。

在城市市区内的建设工程，施工单位应当对施工现场实行封闭围挡。

第三十一条　施工单位应当在施工现场建立消防安全责任制度，确定消防安全责任人，制定用火、用电、使用易燃易爆材料等各项消防安全管理制度和操作规程，设置消防通道、消防水源，配备消防设施和灭火器材，并在施工现场入口处设置明显标志。

第三十二条　施工单位应当向作业人员提供安全防护用具和安全防护服装，并书面告知危险岗位的操作规程和违章操作的危害。

作业人员有权对施工现场的作业条件、作业程序和作业方式中存在的安全问题提出批评、检举和控告，有权拒绝违章指挥和强令冒险作业。

在施工中发生危及人身安全的紧急情况时，作业人员有权立即停止作业或者在采取必要的应急措施后撤离危险区域。

第三十三条　作业人员应当遵守安全施工的强制性标准、规章制度和操作规程，正确使用安全防护用具、机械设备等。

第三十四条　施工单位采购、租赁的安全防护用具、机械设备、施工机具及配件，应当具有生产（制造）许可证、产品合格证，并在进入施工现场前进行查验。

施工现场的安全防护用具、机械设备、施工机具及配件必须由专人管理，定期进行检查、维修和保养，建立相应的资料档案，并按照国家有关规定及时报废。

第三十五条　施工单位在使用施工起重机械和整体提升脚手架、模板等自升式架设设施前，应当组织有关单位进行验收，也可以委托具有相应资质的检验检测机构进行验收；使用承租的机械设备和施工机具及配件的，由施工总承包单位、分包单位、出租单位和安装单位共同进行验收。验收合格的方可使用。

《特种设备安全监察条例》规定的施工起重机械，在验收前应当经有相应资质的检验检测机构监督检验合格。

施工单位应当自施工起重机械和整体提升脚手架、模板等自升式架设设施验收合格之日起30日内，向建设行政主管部门或者其他有关部门登记。登记标志应当置于或者附着于该设备的显著位置。

第三十六条　施工单位的主要负责人、项目负责人、专职安全生产管理人员应当经建设行政主管部门或者其他有关部门考核合格后方可任职。

施工单位应当对管理人员和作业人员每年至少进行一次安全生产教育培训，其教育培训情况记入个人工作档案。安全生产教育培训考核不合格的人员，不得上岗。

第三十七条　作业人员进入新的岗位或者新的施工现场前，应当接受安全生产教育培训。未经教育培训或者教育培训考核不合格的人员，不得上岗作业。

施工单位在采用新技术、新工艺、新设备、新材料时，应当对作业人员进行相应的安全生产教育培训。

第三十八条　施工单位应当为施工现场从事危险作业的人员办理意外伤害保险。

意外伤害保险费由施工单位支付。实行施工总承包的，由总承包单位支付意外伤害保险费。意外伤害保险期限自建设工程开工之日起至竣工验收合格止。

第四十八条　施工单位应当制定本单位生产安全事故应急救援预案，建立应急救援组织或者配备应急救援人员，配备必要的应急救援器材、设备，并定期组织演练。

第四十九条　施工单位应当根据建设工程施工的特点、范围，对施工现场易发生重大事故的部位、环节进行监控，制定施工现场生产安全事故应急救援预案。实行施工总承包的，由总承包单位统一组织编制建设工程生产安全事故应急救援预案，工程总承包单位和分包单位按照应急救援预案，各自建立应急救援组织或者配备应急救援人员，配备救援器材、设备，并定期组织演练。

第五十条　施工单位发生生产安全事故，应当按照国家有关伤亡事故报告和调查处理的规定，及时、如实地向负责安全生产监督管理的部门、建设行政主管部门或者其他有关部门报告；特种设备发生事故的，还应当同时向特种设备安全监督管理部门报告。接到报告的部门应当按照国家有关规定，如实上报。

实行施工总承包的建设工程，由总承包单位负责上报事故。

第五十一条　发生生产安全事故后，施工单位应当采取措施防止事故扩大，保护事故现场。需要移动现场物品时，应当做出标记和书面记录，妥善保管有关证物。

2.2.5　监理单位的安全责任

1.《建筑法》规定的监理单位的安全责任

第三十五条　工程监理单位不按照委托监理合同的约定履行监理义务，对应当监督检查的项目不检查或者不按照规定检查，给建设单位造成损失的，应当承担相应的赔偿责任。

工程监理单位与承包单位串通，为承包单位谋取非法利益，给建设单位造成损失的，应当与承包单位承担连带赔偿责任。

2.《建设工程安全生产管理条例》规定的监理单位的安全责任

第十四条　工程监理单位应当审查施工组织设计中的安全技术措施或者专项施工方

案是否符合工程建设强制性标准。

工程监理单位在实施监理过程中,发现存在安全事故隐患的,应当要求施工单位整改;情况严重的,应当要求施工单位暂时停止施工,并及时报告建设单位。施工单位拒不整改或者不停止施工的,工程监理单位应当及时向有关主管部门报告。

工程监理单位和监理工程师应当按照法律、法规和工程建设强制性标准实施监理,并对建设工程安全生产承担监理责任。

第二十六条规定了对达到一定规模的危险性较大的分部分项工程,总监理工程师的审批签认职责。

3.《建筑工程安全生产监督管理工作导则》对安全监理工作的要求

《建筑工程安全生产监督管理工作导则》于 2005 年 10 月 13 日施行。监理人员应当将建设行政主管部门对监理安全工作的检查要求作为自身的责任。

5　对监理单位的安全生产监督管理

5.1　建设行政主管部门对工程监理单位安全生产监督检查的主要内容是:

5.1.1　将安全生产管理内容纳入监理规划的情况,以及在监理规划和中型以上工程的监理细则中制定对施工单位安全技术措施的检查方面情况。

5.1.2　审查施工企业资质和安全生产许可证、三类人员及特种作业人员取得考核合格证书和操作资格证书情况。

5.1.3　审核施工企业安全生产保证体系、安全生产责任制、各项规章制度和安全监管机构建立及人员配备情况。

5.1.4　审核施工企业应急救援预案和安全防护、文明施工措施费用使用计划情况。

5.1.5　审核施工现场安全防护是否符合投标时承诺和《建筑施工现场环境与卫生标准》等标准要求情况。

5.1.6　复查施工单位施工机械和各种设施的安全许可验收手续情况。

5.1.7　审查施工组织设计中的安全技术措施或专项施工方案是否符合工程建设强制性标准情况。

5.1.8　定期巡视检查危险性较大工程作业情况。

5.1.9　下达隐患整改通知单,要求施工单位整改事故隐患情况或暂时停工情况;整改结果复查情况;向建设单位报告督促施工单位整改情况;向工程所在地建设行政主管部门报告施工单位拒不整改或不停止施工情况。

5.1.10　其他有关事项。

4.《关于落实建设工程安全生产监理责任的若干意见》规定的监理单位的安全责任

《关于落实建设工程安全生产监理责任的若干意见》于 2006 年 10 月 16 日施行。具体内容摘要如下:

一、建设工程安全监理的主要工作内容

监理单位应当按照法律、法规和工程建设强制性标准及监理委托合同实施监理,对所监理工程的施工安全生产进行监督检查,具体内容包括:

(一)施工准备阶段安全监理的主要工作内容

1.监理单位应根据《条例》(指《建设工程安全生产管理条例》,下同,编者加)的规定,按照工程建设强制性标准、《建设工程监理规范》(GB 50319)和相关行业监理规范的要求,编制包括安全监理内容的项目监理规划,明确安全监理的范围、内容、工作程序和制度措施,以及人员配备计划和职责等。

2. 对中型及以上项目和《条例》第二十六条规定的危险性较大的分部分项工程,监理单位应当编制监理实施细则。实施细则应当明确安全监理的方法、措施和控制要点,以及对施工单位安全技术措施的检查方案。

3. 审查施工单位编制的施工组织设计中的安全技术措施和危险性较大的分部分项工程安全专项施工方案是否符合工程建设强制性标准要求。审查的主要内容应当包括:

(1)施工单位编制的地下管线保护措施方案是否符合强制性标准要求;

(2)基坑支护与降水、土方开挖与边坡防护、模板、起重吊装、脚手架、拆除、爆破等分部分项工程的专项施工方案是否符合强制性标准要求;

(3)施工现场临时用电施工组织设计或者安全用电技术措施和电气防火措施是否符合强制性标准要求;

(4)冬季、雨季等季节性施工方案的制定是否符合强制性标准要求;

(5)施工总平面布置图是否符合安全生产的要求,办公、宿舍、食堂、道路等临时设施设置以及排水、防火措施是否符合强制性标准要求。

4. 检查施工单位在工程项目上的安全生产规章制度和安全监管机构的建立、健全及专职安全生产管理人员配备情况,督促施工单位检查各分包单位的安全生产规章制度的建立情况。

5. 审查施工单位资质和安全生产许可证是否合法有效。

6. 审查项目经理和专职安全生产管理人员是否具备合法资格,是否与投标文件相一致。

7. 审核特种作业人员的特种作业操作资格证书是否合法有效。

8. 审核施工单位应急救援预案和安全防护措施费用使用计划。

(二)施工阶段安全监理的主要工作内容

1. 监督施工单位按照施工组织设计中的安全技术措施和专项施工方案组织施工,及时制止违规施工作业。

2. 定期巡视检查施工过程中的危险性较大工程作业情况。

3. 核查施工现场施工起重机械、整体提升脚手架、模板等自升式架设设施和安全设施的验收手续。

4. 检查施工现场各种安全标志和安全防护措施是否符合强制性标准要求,并检查安全生产费用的使用情况。

5. 督促施工单位进行安全自查工作,并对施工单位自查情况进行抽查,参加建设单位组织的安全生产专项检查。

二、建设工程安全监理的工作程序

(一)监理单位按照《建设工程监理规范》和相关行业监理规范要求,编制含有安全监理内容的监理规划和监理实施细则。

(二)在施工准备阶段,监理单位审查核验施工单位提交的有关技术文件及资料,并由项目总监在有关技术文件报审表上签署意见;审查未通过的,安全技术措施及专项施工方案不得实施。

(三)在施工阶段,监理单位应对施工现场安全生产情况进行巡视检查,对发现的各类安全事故隐患,应书面通知施工单位,并督促其立即整改;情况严重的,监理单位应及时下达工程暂停令,要求施工单位停工整改,并同时报告建设单位。安全事故隐患消除后,监理单位应检查整改结果,签署复查或复工意见。施工单位拒不整改或不停工整改的,监理单位应当及时向工程所在地建设主管部门或工程项目的行业主管部门报告,以电话形式报告的,应当有通话记录,并及时补充书面报告。检查、整改、复查、报告等情况应记载在监理日志、监理月报中。

监理单位应核查施工单位提交的施工起重机械、整体提升脚手架、模板等自升式架设设施和安全设施等验收记录,并有安全监理人员签收备案。

(四)工程竣工后,监理单位应将有关安全生产的技术文件、验收记录、监理规划、监理实施细则、监理月报、监理会议纪要及相关书面通知等按规定立卷归档。

……

四、落实安全生产监理责任的主要工作

(一)健全监理单位安全监理责任制。监理单位法定代表人应对本企业监理工程项目的安全监理全面负责。总监理工程师要对工程项目的安全监理负责,并根据工程项目特点,明确监理人员的安全监理职责。

(二)完善监理单位安全生产管理制度。在健全审查核验制度、检查验收制度和督促整改制度基础上,完善工地例会制度及资料归档制度。定期召开工地例会,针对薄弱环节,提出整改意见,并督促落实;指定专人负责监理内业资料的整理、分类及立卷归档。

(三)建立监理人员安全生产教育培训制度。监理单位的总监理工程师和安全监理人员需经安全生产教育培训后方可上岗,其教育培训情况记入个人继续教育档案。

由此可以看出,从《建筑法》、《建设工程安全生产管理条例》、《建筑工程安全生产监督管理工作导则》到《关于落实建设工程安全生产监理责任的若干意见》,对监理单位安全责任的规定,内容更具体,范围也有所扩大。监理单位除应认真履行上述规定的责任外,还应执行其他法规性文件的规定,如《建筑起重机械安全监督管理规定》,地方法规、规章、规范性文件等。地方的规定往往是地方监管部门监管的重点。

2.2.6　其他单位的安全责任

1.《安全生产法》规定的其他单位的安全责任

第二十九条　安全设备的设计、制造、安装、使用、检测、维修、改造和报废,应当符合国家标准或者行业标准。

第六十二条　承担安全评价、认证、检测、检验的机构应当具备国家规定的资质条件,并对其作出的安全评价、认证、检测、检验的结果负责。

2.《建设工程安全生产管理条例》规定的其他单位的安全责任

第十五条　为建设工程提供机械设备和配件的单位,应当按照安全施工的要求配备齐全有效的保险、限位等安全设施和装置。

第十六条　出租的机械设备和施工机具及配件,应当具有生产(制造)许可证、产品合格证。

出租单位应当对出租的机械设备和施工机具及配件的安全性能进行检测,在签订租赁协议时,应当出具检测合格证明。

禁止出租检测不合格的机械设备和施工机具及配件。

第十七条　在施工现场安装、拆卸施工起重机械和整体提升脚手架、模板等自升式架设设施,必须由具有相应资质的单位承担。

安装、拆卸施工起重机械和整体提升脚手架、模板等自升式架设设施,应当编制拆装方案、制定安全施工措施,并由专业技术人员现场监督。

施工起重机械和整体提升脚手架、模板等自升式架设设施安装完毕后,安装单位应当自检,出具自检合格证明,并向施工单位进行安全使用说明,办理验收手续并签字。

第十九条　检验检测机构对检测合格的施工起重机械和整体提升脚手架、模板等自升式架设设施,应当出具安全合格证明文件,并对检测结果负责。

第四十八条　施工单位应当制定本单位生产安全事故应急救援预案,建立应急救援组织或者配备应急救援人员,配备必要的应急救援器材、设备,并定期组织演练。

2.3　监理单位对建设工程安全所负的法律责任

2.3.1　法律责任的概念、种类及其认定原则

1. 法律责任的概念

法律责任是指由于违法行为或法律规定而应承担的法律后果,它与法律制裁相联系。法律制裁是指依据相关法律法规对法律责任主体采取的惩罚措施。违法行为或法律规定是承担法律责任的前提,法律制裁是追究法律责任的必然结果。追究法律责任,实施法律制裁,只能由法定的国家机关实行,具有国家强制性。

2. 法律责任的种类

在我国与企事业单位及其公民个人相关的主要法律责任的种类有民事责任、行政责任以及刑事责任三类。民事责任是指由于违反民事法律、民法规定或者违约所应承担的一种法律责任。以产生责任的法律基础为标准,民事责任可以分为违约责任和侵权责任。行政责任是指因违反行政法或行政规定而应承担的法律责任。它包括两种情况:一种是公民和法人因违反行政管理法律、法规的行为而应承担的行政处罚,主要有警告、罚款、暂扣或者吊销执照、拘留等七种;另一种是国家工作人员因违反政纪或在执行职务时违反行政的规定而受到的行政处分。行政处分主要有警告、记过、记大过、降级、撤职、留用查看、开除等形式。刑事责任是指由于犯罪行为而承担的法律责任。刑事责任是所有法律责任中性质最为严重、制裁最为严厉的一种。刑事责任的主体主要是自然人,也可以是单位。刑事责任由人民法院判决,包括主刑和附加刑。主刑有管制、拘役、有期徒刑、无期徒刑、死刑;附加刑有处以罚金、剥夺政治权利和没收财产。

3. 法律责任的认定原则

与建筑安全相关的法律责任认定原则主要有过错原则、推定过错原则以及无过错原则。所谓过错是指行为人主观上存在着故意或过失。过错原则主要适用于一般侵权的情况。推定过错原则又称举证责任倒置原则,是指法定责任主体在出现的有可能对其不利的法律事实情况下,如其不能举出证据证明自己没有责任,则其就要承担该法律事实所应当追究的法律责任。无过错原则仅适用于特殊的民事侵权行为。

2.3.2 监理单位的法律责任

建设工程各方如有违反建设工程法律、法规、规章的行为,都要依法承担法律责任。本节仅就监理单位安全监理的法律责任,依据法律、法规、规章进行表述。

1.《建设工程安全生产管理条例》规定的监理单位的法律责任

第五十七条　违反本条例的规定,工程监理单位有下列行为之一的,责令限期改正;逾期未改正的,责令停业整顿,并处 10 万元以上 30 万元以下的罚款;情节严重的,降低资质等级,直至吊销资质证书;造成重大安全事故,构成犯罪的,对直接责任人员,依照刑法有关规定追究刑事责任;造成损失的,依法承担赔偿责任:

(一)未对施工组织设计中的安全技术措施或者专项施工方案进行审查的;

(二)发现安全事故隐患未及时要求施工单位整改或者暂时停止施工的;

(三)施工单位拒不整改或者不停止施工,未及时向有关主管部门报告的;

(四)未依照法律、法规和工程建设强制性标准实施监理的。

第五十八条　注册执业人员未执行法律、法规和工程建设强制性标准的,责令停止执业 3 个月以上 1 年以下;情节严重的,吊销执业资格证书,5 年内不予注册;造成重大安全事故的,终身不予注册;构成犯罪的,依照刑法有关规定追究刑事责任。

2.《刑法》规定的监理单位的法律责任

第一百三十七条　建设单位、设计单位、施工单位、工程监理单位违反国家规定,降低工程质量标准,造成重大安全事故的,对直接责任人员,处五年以下有期徒刑或者拘役,并处罚金;后果特别严重的,处五年以上十年以下有期徒刑,并处罚金。

3.《关于落实建设工程安全生产监理责任的若干意见》规定的监理单位的法律责任

三、建设工程安全生产的监理责任

(一)监理单位应对施工组织设计中的安全技术措施或专项施工方案进行审查。未进行审查的,监理单位应承担《条例》第五十七条规定的法律责任。

施工组织设计中的安全技术措施或专项施工方案未经监理单位审查签字认可,施工单位擅自施工的,监理单位应及时下达工程暂停令,并将情况及时书面报告建设单位。监理单位未及时下达工程暂停令并报告的,应承担《条例》第五十七条规定的法律责任。

(二)监理单位在监理巡视检查过程中,发现存在安全事故隐患的,应按照有关规定及时下达书面指令要求施工单位进行整改或停止施工。监理单位发现安全事故隐患没有及时下达书面指令要求施工单位进行整改或停止施工的,应承担《条例》第五十七条规定的法律责任。

(三)施工单位拒绝按照监理单位的要求进行整改或者停止施工的,监理单位应及时将情况向当地建设主管部门或工程项目的行业主管部门报告。监理单位没有及时报告，应承担《条例》第五十七条规定的法律责任。

（四）监理单位未依照法律、法规和工程建设强制性标准实施监理的，应当承担《条例》第五十七条规定的法律责任。

2.4　监理风险

近年来，建设工程一般安全事故不绝于耳，恶性事故时有所闻，其中一些安全生产事故，监理单位和监理人员被追究了行政责任或刑事责任。在我国现阶段，构成监理人安全监理责任风险的原因有以下几方面。

2.4.1　建设施工现状的严峻性

（1）"政绩工程"。有的建设工程规模较大，是否上马、如何操作，关系到地方政府的GDP、财政税收和劳动力就业，关系到政府官员的工作业绩和职务升迁。对这类工程建设项目的管理因人而异、因事而异，一些政府监管部门姑息迁就、睁只眼闭只眼。一些政府建设领导人，为了"政绩"在招标投标中缩短正常工期，在施工中压缩合同工期，一味讲求"进度"。

（2）低价招标、低价中标。低价招标实际上取消或压缩了安全措施费用。施工单位为了获得项目，采取低价投标，中标后为了获得利润，便缩减各种费用支出，安全生产措施费形同虚设，该设置的安全防护不设置，该实施的安全措施取消。

（3）"戴帽"投标，违法分包。大量不具备相应资质的施工单位为取得项目，挂靠有较高资质的施工单位，而自身安全管理能力不足，而受挂单位不严格管理。另外，一个项目被多次分包肢解发包给不具备资质的队伍施工的情况屡见不鲜。

（4）个别政府安全生产监督机构及安全监督员，有法不依，执法不严，对安全生产缺乏有效的监督管理。

（5）现在有些地方对工程项目的质量、安全管理，特别是对建设单位行为的监管还存在盲区。例如，有的省设有"大型项目办公室"，负责对省内部分项目的直接监管，政府相关职能部门、主管部门也不能插手过问。又如，有些地方设有"××政府开发办公室"、"××经济开发区办公室"，独立性很大，政府相关职能部门对这些"办"管的工程项目也很难监管到位。

建设施工现状的严峻性是监理人安全监理责任风险大的外部原因。

2.4.2　监理人能力与责任、责任与权利的不对称性

1.责任与能力

无论《建筑法》、《建设工程监理规范》（GB 50319—2000）及国际菲迪克条款，监理仅是追求三大目标（投资、质量、进度），都是对工程实体的确认和控制，均未要求监理人具有安全监理能力。但从本章2.2.5中可看出，《建设工程安全生产管理条例》、《建筑工

安全生产监督管理工作导则》、《关于落实建设工程安全生产监理责任的若干意见》都对监理人员的安全监理能力提出了明确要求,而且内容更多。监理人的来源无非是专业的技术管理人员,而安全监理应该是一门专门的管理科学,若要监理人承担安全监理责任,实无此能力(包括总监理工程师)。

若要监理人承担安全监理责任,首先应在企业人员资质中规定,增加专门的安全工程师,但在监理的项目中增加安全工程师,需增加相应的费用。建设单位只愿意承担购买合格的建筑商品的费用,至于建筑商品在生产过程中如何保证生产人员的安全,那是生产者的事,建设单位从心底里不愿意买单。何况在现阶段无序竞争的状态下,监理费不执行国家的费率,大打折扣,监理人自然没有能力承担安全监理责任。因而责任风险大就是必然的。

2. 责任与权力

监理人的权力来自业主,是委托方在监理合同中赋予的。在安全监理过程中,监理人可使用通知。但是一纸"监理通知"往往对野蛮施工和利欲熏心的施工单位起不了什么作用。要求停工,又要先征得业主同意,而业主往往不同意。报告主管部门,就会惹恼建设单位,存在被赶出场的可能。因此,责任风险大可想而知。

以上是构成责任风险的内部原因。

2.4.3　合同风险

监理服务合同条款不合理、不明确,增加了本可以避免的风险。有的监理单位在签订监理服务合同时,没有注意某些条款是否合理,是否会扩大监理的安全责任;有的监理单位明知条款不合理,也不敢公开抵制,导致合同成为不合理的"城下之盟"。例如,有的合同中约定:①监理机构负责现场安全管理,负责每周一次的安全检查,负责动火令的审批,负责每天施工面的安全巡查。②监理机构必须保证工程施工过程中不发生一起人身伤亡事故。每发生一起死人事故,扣监理费5%,每发生一起重伤事故,扣监理费2%。③监理机构不得擅自下发"工程暂停令",不得擅自向政府主管部门报告,不得干预建设单位的进度指令(往往是盲目要求抢工)。这些合同条款,无疑额外增加了监理的安全责任风险。

2.4.4　法规的不明确性

《建设工程安全生产管理条例》中,监理"在实施监理过程中,发现存在安全事故隐患",实际界定有较大难度,并易产生歧意。它不但受到监理机构监理人员责任心、业务素质和安全管理能力的制约,而且与施工单位的安全保证体系是否健全、人员是否具有合格的安全素质、外界包括政府部门的安全监管是否规范到位有关。因此,是否能发现全部或主要的安全事故隐患,存在很大的不确定性。当发生安全生产事故后,建设工程的其他主体单位和政府有关主管部门,可能会以"监理未发现安全事故隐患"为由,不合理或过分地追究监理人员的安全责任。

2.5　正确认识监理的安全责任

　　从《建设工程安全生产管理条例》中可见,监理的安全责任主要是"审查"(含施工组织设计和专项施工方案)、"发现"(安全隐患)、"要求"(整改或暂停施工)、"报告"(建设单位及有关主管部门)、"实施"(法律、法规、强制性标准)。如果这几条做不到位,监理即构成失职、渎职甚至犯罪;如果这几条基本做到位了,并有相关文字、影像等资料证明,则监理不承担任何法律责任,且不应受到任何经济、行政、刑事的惩罚以及道义上的谴责。

　　尽管目前《建筑法》《安全生产法》中都没有对监理单位安全责任的具体规定,但是,作为监理单位不能因此怀疑《建设工程安全生产管理条例》的合理性。执行、贯彻《建设工程安全生产管理条例》规定的履责内容必须坚决且不折不扣。而且,《建设工程安全生产管理条例》提到的履责内容,与监理进行"三控"目标是一致的,也是监理单位道义上必须实行的。《建设工程安全生产管理条例》规定的监理安全责任,是行政法规规定的一种行政责任,是无需建设单位委托的,监理单位必须无条件认真执行。

　　从《建筑工程安全生产监督管理工作导则》《关于落实建设工程安全生产监理责任的若干意见》的要求可以看出,建设行政主管部门对监理安全工作的要求已进一步具体化,其中一些具体要求,在《建设工程安全生产管理条例》的规定中是看不出的。例如,"审核施工企业应急救援预案和安全防护、文明施工措施费用使用计划情况"、"审核施工现场安全防护是否符合投标时承诺和《建筑施工现场环境与卫生标准》等标准要求情况"、"定期巡视检查危险性较大工程作业情况"等。和《建设工程安全生产管理条例》对照,内容更具体,范围也有所扩大。这些具体要求,尽管高于《建设工程安全生产管理条例》,但《建筑工程安全生产监督管理工作导则》《关于落实建设工程安全生产监理责任的若干意见》是《建设工程安全生产管理条例》的配套文件,作为行政主管部门的要求,监理必须贯彻执行,否则就有受到"不良记录"或处罚的可能。

　　在实施监理的过程中,监理单位督促施工单位落实职工健康措施、环境保护措施并加强治安管理;努力做好工程现场各方矛盾的协调;提醒建设单位处理好与外界的各方面关系;提醒施工单位注意施工手段、方案技术、操作顺序或程序的合理性;提醒施工单位注意可能的自然灾害;注意因建设单位、勘察单位、设计单位、工程检测单位等其他与工程有关的单位自身行为不规范、工作质量有缺陷可能造成的安全事故隐患和其他方面对工程的损害,当发现存在这种可能时,应以恰当方式提出意见;就工程工期、投资、结构优化、设备选型等提出合理化建议;等等。这些内容有的是一种职业道义义务和责任,不是法定的、强制的。但是,倘若监理项目出现一些不良后果,将直接影响其社会信誉和对其能力水平的评价。

2.6　降低、规避风险的方法

2.6.1　提高依法执业意识,加强监理单位自身建设

　　监理单位作为与建设工程安全生产有关的责任主体之一,具有相对的独立性,依法执

业的意识尤为重要。监理单位应当严格执行《工程监理企业资质管理规定》(建设部令第158号),依法取得相应等级的资质证书,承担与其资质、能力相称的监理业务,不得允许其他单位或个人以本单位名义承揽工程。监理机构的人员,特别是总监理工程师、总监理工程师代表、专业监理工程师,应具备相应的资格和上岗证书,并具备相应的管理、技术能力。监理单位要强化监理人员职业道德和遵章守纪的教育、管理,不允许与建设单位或施工单位串通、弄虚作假、降低工程质量,不允许玩忽职守、不履行合同约定的监理义务,不允许失职、渎职、对现场安全隐患视而不见。特别是对于以下情节必须严格制止。

(1)施工组织设计和重要的专项施工方案无安全技术措施等内容、施工企业技术负责人尚未审查批准,监理就签字认可;

(2)不具备开工条件(如施工许可证未办、设计图纸未经审查合格、施工准备不足等),监理就签字同意开工;

(3)建设单位有压缩合同约定工期等不规范行为,监理默认或表示同意;

(4)迁就建设单位意见,在必须停工整顿时不下发《工程暂停令》指令暂停施工;

(5)发现严重安全事故隐患拖延报告或隐瞒不报,特别是应当向政府主管部门报告而未报告;

(6)发现施工单位资质不符、无安全生产许可证、特种作业人员无上岗证、未配专职安全员或安全员配备不足,未及时采取措施制止或不及时报告;

(7)同意或指令施工单位违章作业。

监理单位只有依法执业、严格监理,才能降低建设工程生产安全事故发生的几率,也才能有效避免监理的安全责任风险。

2.6.2　学习与监理安全责任有关的法律法规文件,明确监理的责任范围

监理机构和监理人员要努力学习与监理安全责任有关的法律法规文件,贯彻执行《建设工程安全生产管理条例》规定的各项安全责任,努力做好各项安全管理工作。但是,监理单位更应当注意各参建单位,特别是施工单位的行为有没有违背《建设工程安全生产管理条例》规定之处。"发现"施工单位违背了《建设工程安全生产管理条例》,应当"要求"其整改或暂停施工;"发现"其他参建单位违背了《建设工程安全生产管理条例》,应当以恰当的形式提醒或提出建议;当"发现"安全问题严重,预见后果危险时,应及时向政府有关部门报告。当发生生产安全事故后,监理机构应当客观地分析事故产生的原因,区分其他参建单位对造成生产安全事故的影响。学懂《建设工程安全生产管理条例》,头脑清醒,学会自我保护,注意自我保护。如果这几条做不到位,监理就会被判定构成失职、渎职甚至犯罪;如这几条基本做到位了,并有相关文字、影像等资料证明,则监理就不会再承担法律责任,不会受到经济、行政、刑事的惩罚。如果监理机构和监理人员对法律法规、标准规范不学习、不贯彻,导致安全责任不清、工作界限不明,难免有糊里糊涂被追究安全责任的风险。如有的监理机构缺乏学习精神,对《建设工程安全生产管理条例》、《建筑工程安全生产监督管理工作导则》、《关于落实建设工程安全生产监理责任的若干意见》等法规性文件的规定不了解、不熟悉;对哪些是施工单位的责任,哪些是建设单位的责任,哪些是监理单位的责任搞不清楚;有的不该做的做多了(如组织每周的施工安全检查、现场

动火证的审批、工程桩入岩深度的判定等),有的该做的没有做(如施工方案的审查、分包单位资质的审查等)。一旦发生安全生产事故,监理人员就会被糊里糊涂地扯进去,也少不了被追究监理安全责任。

切记,监理机构该做的必须做到位,不该做的不要往身上拉。特别是属于施工单位的安全工作,监理机构千万不要越俎代庖。监理机构应当督促施工单位建立、健全安全保证体系并有效运行,发挥社会监管的作用,但不要替代施工单位安排生产、进行安全管理,更不要违反设计和规范瞎指挥、乱指挥。

2.6.3　研读安全专业知识,提高安全监理能力

监理机构要注意区分安全生产的"程序性管理"和"技术性管理"。首先应注意并做好"程序性管理",这是硬杠杠,不能马虎疏忽;同时应逐步熟悉掌握"技术性管理",不断提高"技术性管理"的水平和管理深度。监理人员应加强相关安全知识的学习、培训,提高安全管理的专业水平。如基坑安全的设计计算校核及施工安全技术措施、大型模板支撑系统的计算校核及施工安全技术措施、临时用电负荷的估算和安全技术措施、消防安全技术措施、大型设备吊装安全技术措施等,均涉及较深专业技术知识和安全技术知识,监理人员应逐步提高相关技术水平。一些基本的施工安全技术措施,特别是和质量控制相关的施工安全技术措施,监理人员应该掌握。例如,模板支撑系统的纵、横向间距多少合适,脚手架搭设应如何设置横杆、斜杆、拉结点,基坑水平支撑的施工方法是否与方案相符,基坑挖土的顺序是否合理等,监理人员应该能够识别并果断拿出应对措施。监理人员只有具备一定的技术水平,审查施工单位组织设计和专项施工方案才能查出存在的问题,监理工作中才能发现安全事故隐患。如果监理人员对施工组织设计和专项施工方案缺少安全技术措施或不符合工程建设强制性标准的情况识别不了,对施工现场存在的严重安全隐患发现不了,履行安全责任的工作就不可能做到位,一旦发生安全事故,被追究安全责任就在所难免。

一个建设工程监理的安全管理工作做得如何,关键在于总监理工程师。总监理工程师应关注安全管理工作,亲自抓安全。监理机构中各专业监理工程师要关注本专业相关的安全技术措施,审查本专业施工组织设计(专项施工方案)安全技术措施的编制情况并检查现场实施情况。发现问题要及时采取措施并向总监理工程师或专职安全监理人员报告。

监理机构的安全监理能力提高了,才能提高施工组织设计(专项施工方案)审核的深度和正确度,才能及时发现并消除施工现场存在的安全隐患,也就降低了安全监理责任风险。

2.6.4　做好监理委托合同评审,正确界定双方的权利、义务

监理工作是技术咨询服务,监理对施工单位的监督管理应取得建设单位的授权。签订监理委托合同时,应尽量采用行政主管部门提供的示范文本;在专用条款中,要对双方的权利、义务作正确界定;对法律、法规、规章、规范、规范性文件明确规定不是监理单位责任的条款,要坚决反对。监理机构是在国家现行法律法规框架下工作的,不能随意扩大监

理的安全职责和安全责任。对于在哪些情况下监理可以下发《工程暂停令》、在哪些情况下监理可以向政府主管部门报告,可以依法书面约定。

同时,在履行合同过程中,如建设单位故意违法违规,监理机构应及时提醒、规劝,表明反对的态度。如建设单位置之不理,监理机构应高度警惕,情况严重时应在有理(及时提出意见,收集和留下凭证)、有利(收到相应经济收益后)的原则下,适时终止合同,以防陷入更大的风险。

2.6.5　实行监理职业责任保险

监理企业对监理人员的职业行为投保,保险公司为监理企业因自身失误给建设单位造成的损失在约定范围内赔付。从社会角度来看,保险就是分散危险、消化损失的一种经济制度。换句话说,保险就是把可能遭受同样事故(风险)的多数人组织起来,结成团体,测定事故(风险)发生的比例,即概率,并按照此比例进行分摊。当监理企业遭受事故(风险)时,投保将大大化解危险和经济损失的程度。

保险公司对监理企业将进行考察评估。那些实力雄厚、管理规范、履约能力强、社会信誉好的监理单位,只需较少的保费就可获得职业保险;那些实力较弱、履约能力差的,将需较多的保费才可获得职业保险;那些管理混乱、不能履行监理合同和安全责任的监理企业,将无法得到职业保险。市场将对没有获得职业保险的监理企业进行限制或禁入。

这样,监理职业保险制度将大大提升监理企业自身履行安全责任的能力和抗风险的能力。

2.6.6　做好监理资料收集整理,为不被追究法律责任做好维权举证工作

监理工作中的信息管理是监理的重要工作之一。监理机构应该也应有条件做好资料,特别是与监理履行安全责任有关资料的收集整理工作,包括其他参建单位的有关行为资料和工作成果资料。例如,施工许可证办妥了没有(有的工程项目各施工阶段、各单位工程的施工许可证、规划许可证不是一次下发的,而是分阶段下发的);设计图纸、设计文件经过图纸审查机构审查了没有;工程原始测量点是否有效(谁提供的)、是否准确(是否复测验证);大型施工机械设备(施工塔吊、施工人货电梯等)的出厂合格证有没有,安装资格证有没有;搭设脚手架、模板支撑系统的钢管、扣件质量证明文件有没有,进行过相关的检测试验没有;工程检测单位检测的方法、频度是否与方案相同,检测结果是否及时提交,检测成果是否对工程安全进行了判定;等等。上述这些信息,有些监理机构一问三不知,有的虽然知道,但是手上没有相关文件资料,这对保护自身是很不利的。安全生产事故发生后,监理机构应做好维权和举证工作,防止监理人无过错被追究或只有轻微过错而被扩大追究安全责任。监理机构应具有维权意识,注意自身保护,为自身无过错或只是轻微过错保存证据,做好必要的申诉准备。监理举证的内容一般应包括如下方面:

(1)反映监理依据合法性的证据。证明监理机构是按国家法律、法规、合同、设计文件、工程建设强制性标准进行监理的。

(2)反映监理工作的程序和方法的合法性、规范性的证据。证明监理的具体工作、具体做法是符合有关规定的。

（3）反映监理工程协调和处理问题合理性的证据。如监理过程中没有错误的指令，发现质量、安全问题时进行了合理的处置，监理的工作成效等。

（4）针对所追究的事故责任，要提出有可信证据的事故原因分析报告。常见情况是，建设单位原因、设计原因未予考虑，或从轻考虑，而施工原因、监理原因则被过度夸大。如某工程主要因业主为国庆献礼，不合理压缩工期，监理未同意，造成了坍塌事故；事后监理拿不出可信证据，法律未予认可，总监理工程师被追究了刑事责任。所以，监理机构注意收集、保存好可信证据，是一项重要的基础性工作。

2.6.7　加强职业道德教育，提高思想道德素质

监理单位应加强职业道德教育，提高员工的思想道德素质。教育监理人员以对个人、对企业、对社会负责的态度，保持高度的责任感、使命感。对安全监理工作，应以如履薄冰的精神状态应对，不敢有丝毫的粗心和麻痹。对不给好处不放行，给了好处乱放行的监理人员，必须给予严厉惩治。

建设工程安全生产是永恒的话题，今天不出事故不等于明天不出事故，明天不出事故不等于后天不出事故。什么时候不重视安全监理，什么时候放松和疏忽履行安全监理责任，什么时候就有可能发生安全监理责任事故。因此，安全监理必须年年讲、月月讲、天天讲，必须警钟长鸣，常抓不懈。

第 3 章　安全监理基础工作

3.1　责任风险评价

安全监理责任风险评价贯穿施工监理全过程。应该说,从获得招标信息到决定投标,就已经进行了包括安全监理责任风险评价内容的监理风险评价。否则,投标就存在盲目性。获得中标通知到监理合同谈判,也要进行进一步的监理风险评价,以确定合同谈判的底线(具体内容参见本书2.6.4 部分)。监理合同签订后,可能随后就要进行施工招标,签订施工合同。在这个过程中,监理单位要注重收集施工招标文件、施工单位的投标文件、施工合同、设计文件等资料,为深入进行安全监理风险评价提供依据。有的时候,监理招标之前,有的建设单位已经完成了施工招标。这种情况下,用于监理投标、合同谈判前的安全监理责任风险评价的信息更丰富。

安全监理责任风险评价是动态的,施工单位提交施工组织设计、安全专项施工方案以后,监理人员通过审查,进一步熟悉了施工单位投入的人力、设备以及所采用的技术、管理模式和管理制度。这就有利于对此前的评价成果进行进一步完善。

责任风险评价要形成详尽的风险清单,以确保安全监理工作的针对性。安全监理责任风险评价过程中,可以利用施工企业及政府主管部门依据《施工企业安全生产评价标准》(JGJ/T 77—2003)对企业安全生产的评价成果。如果有安全评价机构出具的建设工程安全评价报告,要充分参考。

安全监理责任风险评价是安全监理的基础工作之一。风险评价的成果是实施风险对策的依据。在风险评价的基础上建立工作分解结构,配备合乎风险特点的监理人员,编制安全监理文件。

3.2　组建现场监理机构

3.2.1　委派得力的总监理工程师

目前,我国基本实行的都是总监负责制,即由总监理工程师代表监理单位履行对工程项目的监理义务;对内,总监理工程师对监理单位负责,对外,总监理工程师对建设单位负责;项目监理部以总监理工程师为核心,监理成员服从总监理工程师的统一领导。毫无疑问,总监理工程师也是项目监理机构履行监理安全责任的第一责任人。

我国监理行业实行的是执业资格、注册上岗制度。作为总监理工程师人选,第一要有执业资格并进行了注册;第二要有足够的专业技术水平和管理能力。总监理工程师的能力和水平对于开展项目的安全监理工作至关重要。

3.2.2　组建项目监理部

（1）监理人员特别是总监理工程师、总监理工程师代表、专职安全监理人员和专业监理工程师要有丰富的监理经验，能游刃有余地处理各种工程技术问题和工程管理问题，包括安全监理方面的问题。总监理工程师、总监理工程师代表和专业监理工程师要按照《注册监理工程师管理规定》（建设部令第 147 号）取得监理工程师岗位证书。

（2）监理机构成员专业结构要合理，土建、地基、给水排水、暖通、电气、经济（造价、合同）等专业人员配套，并具有相应的资格。

（3）监理机构成员技术职称结构要合理，高级、中级、初级技术人员搭配。总监理工程师、总监理工程师代表宜具有高级技术职称；专职安全监理人员、专业监理工程师宜具有中级以上技术职称；监理员宜具有初级以上技术职称。

（4）根据各施工阶段的实际需要，监理机构人员应适当调整。如基础施工阶段应配备岩土专业的监理工程师，主体施工阶段应配备土建专业的监理工程师，装饰装修阶段应配备装潢专业的监理工程师。

3.3　健全安全监理责任制

3.3.1　监理单位主要负责人的安全监理责任

监理单位的主要负责人对本单位所监理工程项目的安全监理全面负责，根据国家法规和监理合同，保证监理机构监理人员、资金和设施的必要投入，组建有履行安全监理职责能力的监理机构。

3.3.2　监理人员的安全监理职责

1. 基本要求

总监理工程师要对工程项目的安全监理负责，并根据工程项目特点，明确各级监理人员的安全监理职责。

根据监理合同和安全监理责任风险评价，决定是否配备专职安全监理人员。大型建设项目一般宜配备安全监理人员。专职安全监理人员负责安全监理的日常巡视、专项检查和内部监督，负责草拟安全监理方面的重要文件，专职安全监理人员应当具备一定的安全管理和技术能力。中小型建设项目一般不配备专职安全监理人员，由总监理工程师承担专职安全监理人员职责并全面负责安全监理工作。监理合同对专职安全监理人员配备有明确规定的，从其规定。

各专业监理工程师、监理员按照分工负责本职工作范围内的安全监理工作。

专业性较强的问题可以请专家或专业中介机构解决。

2. 总监理工程师安全监理职责

（1）主持监理机构安全监理的工作，确定项目监理机构监理人员安全监理的职责权限。

（2）主持编写含有安全监理内容的监理规划或独立的安全监理规划,明确安全监理内容、工作程序和措施。

（3）制定监理机构安全监理工作制度,审批安全监理实施细则。

（4）检查和监督监理人员的工作,根据工程项目的进展情况调配监理人员,对不称职的监理人员调换其工作。

（5）主持安全监理交底会,签发工程暂停令、复工报审表等重要的安全监理文件和指令。

（6）审批施工单位编制的施工组织设计中的安全技术措施和危险性较大的分部分项工程安全专项施工方案。

（7）审核签发建设工程安全生产费用支付证书。

（8）参加有关单位组织的安全生产专项检查。

（9）督促施工单位报告安全事故,主持或参与工程质量事故的调查。

（10）主持安全监理的协调工作,就安全监理涉及的重大问题与有关各方进行沟通。

（11）组织落实监管部门安全监理工作的整改意见。

（12）组织编写并签发监理月报、监理工作阶段报告、安全监理专题报告和项目监理工作总结。

（13）定期审阅监理人员包含安全监理内容的监理日记,并签字。

（14）主持整理安全监理资料。

（15）及时向有关主管部门报告施工单位拒不整改或者不停工整改的情况。

3. 总监理工程师代表安全监理职责

（1）负责总监理工程师指定或交办的安全监理工作。

（2）根据总监理工程师的授权,行使总监理工程师的部分职责和权力。

（3）总监理工程师不得将下列工作委托总监理工程师代表。

①主持编写含有安全监理内容的监理规划或独立的安全监理规划,审批安全监理实施细则;

②签发工程暂停令,签署建设工程安全生产费用支付证书;

③确定项目监理机构人员安全监理的职责权限,根据工程项目的进展情况进行监理人员的调配,调换不称职的监理人员;

④签发监理月报、监理工作阶段报告、安全监理专题报告和项目监理工作总结。

4. 专职安全监理人员安全监理职责

（1）研究掌握项目安全监理适用的法律和标准体系。

（2）调查研究施工现场周边环境情况。

（3）收集并熟悉有关工程建设安全监理资料。

（4）参与编制监理规划（重点是安全监理部分）,会同专业监理工程师编制安全监理实施细则。

（5）会同专业监理工程师审查施工单位编制的以下安全施工技术文件,提出审查意见,报总监理工程师审批:

①施工单位编制的施工组织设计中的安全技术措施和危险性较大的分部分项工程安

全专项施工方案；

②施工单位编制的地下管线保护措施方案；

③施工现场临时用电施工组织设计或者安全用电技术措施和电器防火措施；

④冬季、雨季等季节性施工方案；

⑤施工单位绘制的施工总平面布置图,办公、宿舍、食堂、道路等临时设施设置以及排水、防火措施。

(6)检查施工单位在工程项目上的安全生产规章制度和安全监管机构的建立、健全及专职安全生产管理人员配备情况,督促施工单位检查各分包单位安全生产规章制度的建立情况。

(7)审查施工总承包、专业承包、劳务分包单位的资质和安全生产许可证,以及相互间的安全协议。

(8)审查项目经理建造师注册证书、安全生产考核合格证书,专职安全生产管理人员安全生产考核合格证书,特种作业人员特种作业操作资格证书,特种设备生产许可证、质量合格证、监督检验合格证等。

(9)审查危险物品有关许可文件。

(10)会同专业监理工程师审查安全防护措施费用使用计划。

(11)审核施工单位工程项目安全生产事故应急救援预案。

(12)审查施工单位安全施工方面的开工准备情况,报总监理工程师。

(13)监督施工单位按照施工组织设计中的安全技术措施和专项施工方案组织施工,及时制止违规施工作业。

(14)对施工现场进行安全巡视,检查施工过程中的危险性较大工程作业情况,对已出现的或可能出现的安全隐患进行评估,经常对监理机构履行监理安全责任的情况进行分析检查,并将评估和分析检查情况向总监理工程师报告。

(15)核查施工现场施工起重机械、整体提升脚手架、模板等自升式架设设施和安全设施的验收手续及记录,并签收备案。

(16)检查施工单位以下安全工作情况。

①施工现场各种安全标志的设置和安全防护措施执行情况；

②安全生产费用的使用情况；

③专职安全生产管理人员的到岗和工作情况；

④安全技术交底和作业人员安全教育培训情况；

⑤安全生产责任制度、安全检查制度的执行情况。

(17)经总监理工程师同意,签发有关安全生产的监理工程师通知。

(18)督促施工单位进行安全自查工作,并对施工单位自查情况进行抽查,参加有关单位、部门组织的安全生产专项检查。

(19)指导专业监理工程师和监理员的安全监理工作,向总监理工程师报告安全监理工作。

(20)协助安全事故的调查分析,并督促、检查事故后的现场整改。

(21)参与编写监理月报、监理工作阶段报告和项目监理工作总结。

（22）负责编写安全监理工作月报、安全监理专题报告。

（23）负责填写安全监理日记。

5. 专业监理工程师安全监理职责

（1）编制或协同专职安全监理人员编制本专业的安全监理实施细则。

（2）协同专职安全监理人员审查施工单位编制的本专业施工组织设计中的安全技术措施和危险性较大的分部分项工程安全专项施工方案。

（3）协同专职安全监理人员审查施工单位编制的地下管线保护措施方案、施工现场临时用电施工组织设计或者安全用电技术措施和电气防火措施。

（4）协同专职安全管理人员审查安全防护措施费用使用计划。

（5）协同专职安全管理人员监督施工单位按照经审批的施工组织设计中的安全技术措施和专项施工方案组织施工，及时制止违规施工作业。

（6）对专业范围内的安全监理工作负责，对安全事故隐患按规定的方法处理，及时向专职安全监理人员通报，必要时向总监理工程师报告；在施工现场巡视、检查时，发现安全违规操作或存在安全隐患时，向施工承包单位提出整改要求，或向总监理工程师（安全监理员）反映。

（7）协助安全事故及技术质量问题的调查分析。

（8）参与检查施工单位对进场作业人员的安全教育培训和逐级安全技术交底情况。

（9）根据本专业监理工作实施情况作好监理日记。

（10）负责本专业安全监理资料的收集、汇总及整理，参与编写监理月报。

6. 监理员安全监理职责

（1）在专职安全监理人员、专业监理工程师的指导下开展现场安全监理工作。

（2）检查承包单位投入工程项目的人力、特种设备及其使用、运行状况，并作好检查记录。

（3）担任旁站工作，当发现有安全生产违规操作时，及时制止。

（4）发现安全事故隐患及时向专业监理工程师（或专职安全监理人员）乃至总监理工程师报告。

（5）作好监理日记和有关的监理记录。

（6）接受总监理工程师（总监理工程师代表）安排，临时代替安全监理员工作。

3.4　完善安全监理制度

3.4.1　审核制度

审核特种作业人员的特种作业操作资格证书，无合法有效的特种作业操作资格证书者不得上岗。

审核特种设备有关许可文件。特种设备无合法有效的许可证件不得使用。

审核施工单位提交的施工起重机械、整体提升脚手架、模板等自升式架设设施和安全设施等验收记录，并由专职安全监理人员签收备案。未经验收合格不得投入使用。

审核危险物品有关许可文件。危险物品无合法有效的许可证件不得进入施工现场,已进入现场的,应立即移出,不得使用。

施工组织设计中的安全技术措施和危险性较大的分部分项工程安全专项施工方案须经项目监理机构审查批准后方可实施。

3.4.2　监理例会制度

监理机构总监理工程师应定期主持召开现场监理会议。会议应有建设单位分管施工安全的负责人,施工单位项目经理、负责安全生产管理的副经理、专职安全生产管理人员,监理机构的安全监理人员、有关专业监理工程师参加。会议应将施工安全作为重要内容,检查上次监理例会中安全施工有关决定的执行情况,通报上次例会以来的安全施工情况,分析当前安全生产存在的薄弱环节,提出整改意见。总监理工程师应组织编写会议纪要,及时分发给与会各方。

会后,总监理工程师应根据责任制安排监理人员督促有关各方落实整改意见,在下次例会上报告。

根据投标文件、监理合同,也可以专设安全监理例会。

3.4.3　安全监理专题会议制度

总监理工程师认为有必要时可召开安全监理专题会议,由总监理工程师或专职安全监理人员主持,建设单位的负责人,施工单位的项目经理、分管安全生产的副经理、现场技术负责人以及现场安全管理人员,监理机构专职安全监理人员及相关专业监理工程师参加,专门研究解决施工中出现的涉及安全生产方面的问题。总监理工程师应组织编写会议纪要,及时分发给与会各方。

会后,总监理工程师应根据责任制安排监理人员督促有关各方落实会议决定事项。

3.4.4　巡视检查制度

总监理工程师、专职安全监理人员和专业安全监理工程师要按照安全监理责任制,做好安全监理的巡视检查,监督施工单位按照施工组织设计中的安全技术措施和专项施工方案组织施工,及时制止违规施工作业。巡视检查内容包括:施工单位现场专职安全生产管理人员到岗、特种作业人员持证上岗以及特种设备运行情况,监督关键部位、关键工序执行安全专项施工方案以及工程建设强制性标准情况。对危险性较大的分部分项工程的全部作业面,应巡视到位。发现施工单位有违反工程建设强制性标准行为的,应责令施工单位立即整改。发现其施工活动已经或者可能危及工程安全的,总监理工程师应及时报告建设单位,必要时由总监理工程师下达局部暂停施工指令或者采取其他应急措施。巡视应作好相应的记录。

3.4.5　监理日记(志)制度

专业监理工程师的监理日记应有安全监理的内容,安全监理人员要作好安全监理日记。

监理机构进场之日起即开始记录监理日志。监理日志的格式应符合监理单位或当地监管部门的规定,不得缺漏项。

监理日志的记录内容和要求如下:

(1)记录应写明时间、人员、地点、情况;

(2)发现的问题和处理情况;

(3)未处理完毕的问题应在以后的日志中记录处理情况;

(4)记录与各方联系、协调情况;

(5)注意监理日志资料的闭合及与其他大事记或监理通知时间等方面的对应。

监理日志按月合订成册,存档备查。

当地监管部门或总监理工程师认为有必要时也可单独设立监理项目安全监理日志。

3.4.6　报告制度

监理机构应针对施工现场可能出现的紧急情况编制处理程序、处理措施等文件。当发生紧急情况时,应立即向建设单位报告,并指示施工单位立即采取有效紧急措施进行处理。对于重大安全隐患,施工单位拒不整改或不停工整改的,应及时向当地建设行政主管部门报告。

监理机构应及时向建设单位提交监理月报,监理月报应包括当月施工单位责任主体安全行为、施工现场安全与文明施工状况、隐患整改情况、现场安全管理机构人员变更情况、其他应说明的情况等。

在工程验收时,提交监理工作报告;在监理工作结束后,提交监理工作总结报告。监理工作报告、监理工作总结报告应含有安全监理方面的内容。当地监管部门要求提交安全监理专题报告时,从其规定。

3.4.7　岗位管理制度

项目监理机构应严格控制离岗和替岗情况。安全监理人员离岗时,总监理工程师应立即另行安排监理人员顶替,并做好交接。凡有危险性较大的分部分项工程施工及法定节假日施工,总监理工程师均应对安全监理岗位做出妥善的人员安排。

3.4.8　资料归档制度

安全监理信息管理是建设项目信息管理的重要组成部分,一般应按照监理规划要求施行统一管理。如建设单位或当地规定应单列的,从其规定。

项目监理机构应注重使用影像资料记录施工现场安全生产重要情况和施工安全事故隐患。

项目监理机构应使用统一的安全监理表式,规范信息管理工作。安全监理表式应与各工程类别监理规范保持协调。

拟制安全监理文件适用的法律和标准时要具体,并做必要的论证。对适用的法律依据,要载明法律依据的全称、发文文号和发文时间(或生效时间),引用条文要具体到条款项。对适用的标准依据,要载明标准依据的标准号,引用条文要具体到章节条款项。

项目监理机构总监理工程师应明确对文件的认可性签字盖章权限,并最终负责。监理人员签字盖章时要十分慎重。认可性签字必须本人亲笔,并附带签字时间,一般应"年月日"齐全,必要时精确到"时分"。工程监理活动中形成的监理文件由注册监理工程师按照规定签字盖章后方可生效。

安全监理资料应纳入本项目监理机构的工程监理资料管理。可以单列管理,不单列管理的应当编制索引或目录。

按照《建设工程文件归档整理规范》(GB/T 50328—2001)和建设单位要求及时归档。

3.5　做好监理人员的安全监理培训

监理单位应积极建设学习型组织,制订监理人员培训计划和规划,将安全监理培训作为培训的重要内容。积极组织监理人员参加主管部门的安全生产教育培训。总监理工程师和专职安全监理人员需经安全生产教育培训后方可上岗,其教育培训情况记入个人继续教育档案。

总监理工程师应逐步提高自己的安全专业化素养。

总监理工程师应主持制定监理机构安全监理培训计划,按计划对监理人员进行安全监理业务培训。鼓励工作人员自学,积极组织业务讨论。

总监理工程师应每周召集监理人员进行一次内部监理业务例会,一般不少于 2 小时,并应指定专人作好记录,参加学习人员本人签字,不得代签。安全监理应作为业务例会的重要内容。业务例会的内容应包括:

(1)专职安全监理人员、专业监理工程师汇报上周监理工作情况,总监理工程师总结上周工作成效和问题,提出下周工作计划和要求;

(2)落实下周监理工作内容、岗位、职责,掌握与下周监理工作有关的设计图纸内容以及质量和安全要求;

(3)总结上周外部协调情况,落实下周外部协调措施,融洽与建设单位的关系,严格对施工单位的监理;

(4)总结上周内部协调情况,落实下周内部协调措施,优质、高效地做好监理(包括安全监理)工作;

(5)有针对性地学习法规、技术标准、监理文件,特别是工程建设强制性标准;

(6)组织研讨和掌握质量控制、安全控制要点,进行安全监理技术交底。

第 4 章　施工准备阶段的安全监理工作

4.1　调查研究

4.1.1　合同解读

总监理工程师应组织监理人员解读监理合同文件、施工合同文件。

要关注涉及安全监理、安全保障的合同明示条款和隐含条款,宜编制摘编或索引。如果合同条文比较笼统,应通过合同解释技术来解释清楚。

合同解读的目的是为安全监理提供工作范围和尺度,包括最低要求、基本要求、较高要求,等等。

4.1.2　现场调研

调查施工现场及周边环境情况,如地质、地理、电磁、气象、交通、社区,等等。根据设计文件的提示核对与施工安全相关的重要因素。

4.1.3　研读设计文件

对在设计文件中注明的涉及施工安全的重点部位和环节、为防范生产安全事故提出的指导意见要认真研读,作为安全监理的重点。

采用新结构、新材料、新工艺的建设工程和特殊结构的建设工程,设计单位在设计中提出的保障施工作业人员安全和预防生产安全事故的措施建议,监理人员要高度重视。

4.1.4　准备适宜的法规、技术标准

总监理工程师应组织监理人员通过研读合同文件、设计文件,弄清楚安全监理所依据的法规、技术标准,建立目录,并收集保存。通常使用的法规、标准见表 4-1。

表 4-1　建设工程安全监理相关法律法规、技术标准、规范性文件

类别	名称	编号	发布日期	实施日期
法律	中华人民共和国劳动法	主席令第 28 号	1994-07-05	1995-01-01
	中华人民共和国建筑法	主席令第 91 号	1997-11-01	1998-03-01
	中华人民共和国安全生产法	主席令第 70 号	2002-06-29	2002-11-01
	中华人民共和国消防法	主席令第 6 号	2008-10-28	2009-05-01
	中华人民共和国刑法	主席令第 10 号(修订)	2009-02-28	2009-02-28
	中华人民共和国环境保护法	主席令第 22 号	1989-12-26	1989-12-26

续表 4-1

类别	名称	编号	发布日期	实施日期
法律	中华人民共和国环境噪声污染防治法	主席令第 77 号	1996-10-29	1997-03-01
	中华人民共和国固体废物污染环境防治法	主席令第 31 号(修订)	2004-12-29	2005-04-01
	中华人民共和国行政处罚法	主席令第 63 号	1996-03-17	1996-10-01
行政法规	建设工程安全生产管理条例	国务院令第 393 号	2003-11-24	2004-02-01
	生产安全事故报告和调查处理条例	国务院令第 493 号	2007-04-09	2007-06-01
	安全生产许可证条例	国务院令第 397 号	2004-01-13	2004-01-13
	特种设备安全监察条例	国务院令第 549 号(修改)	2009-01-24	2009-05-01
	工伤保险条例	国务院令第 375 号	2003-04-27	2004-01-01
	中华人民共和国防汛条例(2005 年)	国务院令第 441 号	2005-07-15	2005-07-15
	民用爆炸物品安全管理条例	国务院令第 466 号	2006-05-10	2006-09-01
部门规章	工程监理企业资质管理规定	建设部令第 158 号	2007-06-26	2007-08-01
	注册监理工程师管理规定	建设部令第 147 号	2006-01-26	2006-04-01
	安全生产事故隐患排查治理暂行规定	国家安监总局令第 16 号	2007-12-28	2008-02-01
	建筑起重机械安全监督管理规定	建设部令第 166 号	2008-01-28	2008-06-01
	建筑施工企业安全生产许可证管理规定	建设部令第 128 号	2004-07-05	2004-07-05
	特种作业人员安全技术培训考核管理规定	国家安监总局令第 30 号	2010-05-24	2010-07-01
	生产安全事故应急预案管理办法	国家安监总局令第 17 号	2009-04-01	2009-05-01
	特种设备质量监督与安全监察规定	质量技术监督局第 13 号令	2000-06-29	2000-10-01
	实施工程建设强制性标准监督规定	建设部令第 81 号	2000-08-25	2000-08-25
	城市建筑垃圾管理规定	建设部令第 139 号	2005-03-23	2005-06-01
	安全生产违法行为行政处罚办法	国家安监总局令第 15 号	2007-11-30	2008-01-01
	注册建造师管理规定	建设部令第 153 号	2006-12-28	2007-03-01
	建筑业企业资质管理规定	建设部令第 159 号	2007-06-26	2007-09-01
国家标准	建设工程监理规范	GB 50319—2000	2000-12-07	2001-05-01
	安全帽	GB 2811—2007	2007-01-19	2007-12-01
	安全色	GB 2893—2008	2008-12-11	2009-10-01
	安全带	GB 6095—2009	2009-04-13	2009-12-01
	安全网	GB 5725—2009	2009-04-01	2009-12-01
	安全标志及其使用导则	GB 2894—2008	2008-12-11	2009-10-01
	高处作业吊篮	GB 19155—2003	2003-05-23	2003-11-01
	高处作业分级	GB/T 3608—2008	2008-10-30	2009-06-01
	建设工程施工现场供用电安全规范	GB 50194—93	1993-12-30	1994-08-01
	建筑边坡工程技术规范	GB 50330—2002	2002-05-30	2002-08-01
	建筑施工场界噪声限值	GB 12523—90	1990-11-09	1991-03-01
	建筑施工场界噪声测量方法	GB 12524—90	1990-11-09	1991-03-01

续表 4-1

类别	名称	编号	发布日期	实施日期
国家标准	企业职工伤亡事故分类标准	GB 6441—86	1986-05-31	1987-02-01
	起重吊运指挥信号	GB 5082—85	1985-04-17	1985-07-01
	起重机械安全规程	GB 6067—85	1985-06-06	1986-04-01
	起重机械超载保护装置	GB 12602—2009	2009-04-24	2010-01-01
	手持式电动工具的管理、使用、检查和维修安全技术规程	GB 3787—2006	2006-02-15	2006-06-01
	塔式起重机安全规程	GB 5144—2006	2006-06-02	2007-10-01
	特低电压(ELV)限值	GB/T 3805—2008	2008-01-22	2008-09-01
	剩余电流动作保护电器的一般要求	GB/Z 6829—2008	2008-12-30	2009-10-01
	剩余电流动作保护装置安装和运行	GB 13955—2005	2005-02-06	2005-12-01
	施工升降机	GB/T 10054—2005	2005-06-08	2005-12-01
	建设工程项目管理规范	GB/T 50326—2006	2006-06-26	2006-12-01
	污水综合排放标准	GB 8978—1996	1996-10-04	1998-01-01
	事故伤害损失工作日标准	GB/T 15499—1995	1995-03-10	1995-10-01
	企业职工伤亡事故经济损失统计标准	GB 6721—86	1986-08-22	1987-05-01
	建设工程文件归档整理规范	GB/T 50328—2001	2002-01-10	2002-05-01
	建筑施工组织设计规范	GB/T 50502—2009	2009-05-13	2009-10-01
	个体防护装备选用规范	GB/T 11651—2008	2008-12-11	2009-10-01
	爆破安全规程	GB 6722—2003	2003-09-12	2004-05-01
	体力劳动强度分级	GB 3869—1997	1997-07-07	1998-01-01
	有毒作业分级	GB 12331—90	1990-04-23	1991-01-01
	施工升降机安全规程	GB 10055—2007	2007-03-12	2007-10-01
	锚杆喷射混凝土支护技术规范	GB 50086—2001	2001-07-20	2001-10-01
行业标准	建筑基坑支护技术规程	JGJ 120—99	1999-03-04	1999-09-01
	建筑施工安全检查标准	JGJ 59—99	1999-03-30	1999-05-01
	建筑施工高处作业安全技术规范	JGJ 80—91	1992-01-08	1992-08-01
	建筑施工扣件式钢管脚手架安全技术规范	JGJ 130—2001	2001-02-09	2001-06-01
	建筑施工门式钢管脚手架安全技术规范	JGJ 128—2010	2010-05-18	2010-12-01
	龙门架及井架物料提升机安全技术规范	JGJ 88—92	1993-01-12	1993-08-01
	建筑施工现场环境与卫生标准	JGJ 146—2004	2005-01-21	2005-03-01
	建筑施工碗扣式钢管脚手架安全技术规范	JGJ 166—2008	2008-11-04	2009-07-01
	施工现场临时用电安全技术规范	JGJ 46—2005	2005-03-17	2005-07-1
	塔式起重机操作使用规程	JG/T 100—1999	1999-01-01	1999-06-04
	液压滑动模板施工安全技术规程	JGJ 65—89	1989-10-06	1990-05-01
	施工企业安全生产评价标准	JGJ/T 77—2003	2003-10-24	2003-12-01

续表4-1

类别	名称	编号	发布日期	实施日期
行业标准	施工现场机械设备检查技术规程	JGJ 160—2008	2008-08-11	2008-12-01
	擦窗机安装工程质量验收规程	JGJ 150—2008	2008-01-31	2008-07-01
	建筑施工模板安全技术规范	JGJ 162—2008	2008-08-06	2008-12-01
	建筑施工木脚手架安全技术规范	JGJ 164—2008	2008-08-06	2008-12-01
	液压升降整体脚手架安全技术规程	JGJ 183—2009	2009-09-15	2010-03-01
	建筑施工塔式起重机安装、使用、拆卸安全技术规程	JGJ 196—2010	2010-01-08	2010-07-01
	建筑施工土石方工程安全技术规范	JGJ 180—2009	2009-06-18	2009-12-01
	建筑工程大模板技术规程	JGJ 74—2003	2003-06-03	2003-10-01
	建筑施工作业劳动防护用品配备及使用标准	JGJ 184—2009	2009-11-16	2010-06-01
	建筑桩基技术规范	JGJ 94—2008	2008-04-22	2008-10-01
	塔式起重机混凝土基础工程技术规程	JGJ/T 187—2009	2009-10-30	2010-07-01
	建筑施工工具式脚手架安全技术规范	JGJ 202—2010	2010-03-31	2010-09-01
	建筑施工升降机安装、使用、拆卸安全技术规程	JGJ 215—2010	2010-06-12	2010-12-01
规范性文件	国务院关于进一步加强安全生产工作的决定	国发〔2004〕2 号	2004-01-09	2004-01-09
	建设工程高大模板支撑系统施工安全监督管理导则	建质〔2009〕254 号	2009-10-26	2009-10-26
	建筑工程安全生产监督管理工作导则	建质〔2005〕184 号	2005-10-13	2005-10-13
	房屋建筑工程施工旁站监理管理办法(试行)	建市〔2002〕189 号	2002-07-17	2002-07-17
	建筑施工企业安全生产管理机构设置及专职安全生产管理人员配备办法	建质〔2008〕91 号	2008-05-13	2008-05-13
	建筑施工企业主要负责人、项目负责人和专职安全生产管理人员安全生产考核管理暂行规定	建质〔2004〕59 号	2004-04-08	2004-04-08
	建筑施工特种作业人员管理规定	建质〔2008〕75 号	2008-04-18	2008-04-18
	关于建筑施工特种作业人员考核工作的实施意见	建办质〔2008〕41 号	2008-07-18	2008-07-18
	危险性较大的分部分项工程安全管理办法	建质〔2009〕87 号	2009-05-13	2009-05-13
	施工现场安全防护用具及机械设备使用监督管理规定	建建〔1998〕164 号	1998-09-04	1998-09-04
	企业安全生产风险抵押金管理暂行办法	财建〔2006〕369 号	2006-07-26	2006-08-01
	特种设备目录	国质检锅〔2004〕31 号	2004-01-19	2004-01-19
	绿色施工导则	建质〔2007〕223 号	2007-09-10	2007-09-10
	高危行业企业安全生产费用财务管理暂行办法	财企〔2006〕478 号	2006-12-08	2007-01-01
	建筑工程安全防护、文明施工措施费用及使用管理规定	建办〔2005〕89 号	2005-06-07	2005-09-01

续表 4-1

类别	名称	编号	发布日期	实施日期
规范性文件	关于进一步规范房屋建筑和市政工程生产安全事故报告和调查处理工作的若干意见	建质〔2007〕257 号	2007-11-09	2007-11-09
	建设部关于加强建筑意外伤害保险工作的指导意见	建质〔2003〕107 号	2003-05-23	2003-05-23
	建筑起重机械备案登记办法	建质〔2008〕76 号	2008-04-18	2008-04-18
	建筑施工人员个人劳动保护用品使用管理暂行规定	建质〔2007〕255 号	2007-11-05	2007-11-05
	建筑施工附着升降脚手架管理暂行规定	建建〔2000〕230 号	2000-10-16	2000-10-16
	工程建设监理规定	建监〔1995〕737 号	1995-12-15	1996-01-01
	关于落实建设工程安全生产监理责任的若干意见	建市〔2006〕248 号	2006-10-16	2006-10-16
	注册建造师执业工程规模标准（试行）	建市〔2007〕171 号	2007-07-04	2007-07-04
	施工总承包企业特级资质标准	建市〔2007〕72 号	2007-03-13	2007-03-13
	专业承包企业资质等级标准	建建〔2001〕82 号	2001-04-20	2001-07-01
	建筑业劳务分包企业资质标准	建建〔2001〕82 号	2001-04-20	2001-07-01
	建筑施工企业安全生产许可证动态监管暂行办法	建质〔2008〕121 号	2008-06-30	2008-06-30
	中央管理的建筑施工企业（集团公司、总公司）主要负责人、项目负责人和专职安全生产管理人员安全生产考核管理实施细则	建质函〔2004〕189 号	2004-08-30	2004-08-30
	建筑业企业职工安全培训教育暂行规定	建教〔1997〕83 号	1997-05-04	1997-05-04
	注册建造师执业管理办法（试行）	建市〔2008〕48 号	2008-02-26	2008-02-26
	建筑工程预防坍塌事故若干规定	建质〔2003〕82 号	2003-04-17	2003-04-17
	建筑工程预防高处坠落事故若干规定	建质〔2003〕82 号	2003-04-17	2003-04-17

4.2　编制安全监理规划

4.2.1　基本要求

监理机构应按照《关于落实建设工程安全生产监理责任的若干意见》的要求："根据《建设工程安全生产管理条例》的规定,按照工程建设强制性标准、《建设工程监理规范》(GB 50319)和相关行业监理规范的要求,编制包括安全监理内容的项目监理规划,明确安全监理的范围、内容、工作程序和制度措施,以及人员配备计划和职责等",在综合性的监理规划中专列安全监理内容,或编制独立的安全监理规划。当地政府安全监管部门明确要求单独编制安全监理规划或方案,应按要求编制。

安全监理规划在监理单位与建设单位签订监理合同,完成施工招标并签订施工合同之后着手编制。安全监理规划应在监理大纲的基础上,结合批准的施工单位的施工组织设计、施工进度计划编写,具有针对性,突出监理工作的预控性,注意规划的可行性和操作性。

安全监理规划的编制应由总监理工程师主持,专职安全监理人员和专业监理工程师参加。安全监理规划的主要内容可参照《建设工程监理规范》对监理规划的编制要求。如当地政府安全监管部门有规定的,从其规定。安全监理规划由监理单位技术负责人审批后实施。安全监理规划应在召开第一次工地会议前报建设单位。

安全监理规划应根据工程建设计划、目标的调整、合同的变更予以补充、修改和完善,并按规定程序报批。

4.2.2　安全监理规划内容及编制要点

1. 工程项目概况及专业特点

(1)工程项目名称。有的工程从立项到施工安装历时较长,有各时段的工程项目名称不一致的情况,应以建设单位向当地政府质量、安全监督管理部门备案的名称为准。

(2)工程地点。以建设单位向当地政府质量、安全监督管理部门备案的表述为准。还要简述此地的自然条件与外部环境等。

(3)建筑特点。简述工程项目组成、占地面积、建筑面积、层高、容积率、用途等。可摘录设计文件。

(4)结构特点。简述结构形式、结构类型等。可摘录设计文件。

(5)建设工程计划工期。可用建设工程的具体日历时间表示:建设工程计划工期由　年　月　日至　年　月　日。

(6)建设单位。

(7)勘察单位。

(8)设计单位。

(9)施工单位。如有指定分包商,列在总承包商之后。

(10)其他需要描述的内容。

以上内容应与综合性监理规划中的有关内容协调一致。

2. 安全监理范围

安全监理范围是指监理机构所承担监理任务的工程范围和专业范围。如果监理机构承担全部建设工程的监理任务,监理范围为全部建设工程,否则应按监理机构所承担的建设工程的建设标段或子项目划分确定建设工程监理范围。

安全监理范围一般在监理合同中明确,通常与综合性监理规划中的监理工作范围一致。

3. 安全监理目标

摘录施工合同文件确定的安全保障目标。安全监理目标就是监督施工单位实现施工合同文件确定的安全保障目标。

4. 安全监理依据

(1)工程建设监理委托合同。

（2）国家和地方的法规、规章、技术标准、规范性文件等。

（3）经批准的工程建设文件、设计文件。

（4）其他工程建设合同。

（5）经批准的施工组织设计。

具体地列出开展安全监理工作所依据的法规、规章，国家及部门颁发的有关技术标准，批准的工程建设文件，以及有关合同文件、设计文件等的名称、编号、颁发日期等。特别要注意收集当地的法规、规章、技术标准、规范性文件，当地监管部门往往以此作为监管的依据。可参照本书 4.1.4 部分的内容。

5. 安全监理组织形式

安全监理的组织形式应根据工程项目的安全监理要求选择，可用组织结构图表示。安全监理组织形式示例见图 4-1。

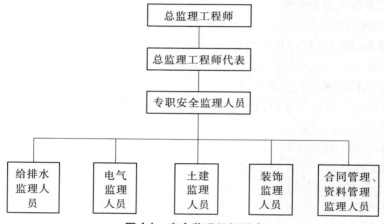

图 4-1　安全监理组织形式

6. 监理机构人员配备计划

人员配置受多种因素影响，与监理人员的知识水平、监理经验有很大关系，同时还要兑现投标承诺。在工程实施过程中，必然要进行调整，所以建议不要列出详细的监理人员名单，如表 4-2 所示，根据施工计划列出人员数量即可。

表 4-2　监理人员配置计划

时间段	年　月～　年　月	年　月～　年　月	年　月～　年　月
总监理工程师			
总监理工程师代表			
安全监理员			
专业监理工程师			
监理员			

注：表中人员各栏仅需填写人员数量。

7. 监理人员安全监理岗位职责

按照监理合同文件确定的范围、目标、内容,设置安全监理岗位,明确专职安全监理人员及其他监理人员监理工作职责。参见本书 3.3.2 部分内容。

8. 安全监理程序

具体内容参见本书第 6 章。

9. 安全监理内容、方法和措施

安全监理内容一般应包括监理合同明确的内容。无论监理合同是否对安全监理内容有具体描述,只要合同明确监理工作包含安全监理,安全监理内容就必须包括《建设工程安全生产管理条例》第十四条、《关于落实建设工程安全生产监理责任的若干意见》规定以及《建筑工程安全生产监督管理工作导则》要求的内容。这部分内容示例如下。

1)施工准备阶段安全监理的主要工作

(1)审查施工单位编制的施工组织设计中的安全技术措施和危险性较大的分部分项工程安全专项施工方案是否符合工程建设强制性标准要求。总监理工程师在技术文件报审表上签署意见。审查未通过的,安全技术措施及专项施工方案不得实施。审查的主要内容应当包括:

①施工单位编制的地下管线保护措施方案是否符合强制性标准要求;

②基坑支护与降水、土方开挖与边坡防护、模板、起重吊装、脚手架、拆除、爆破等分部分项工程的专项施工方案是否符合强制性标准要求;

③施工现场临时用电施工组织设计或者安全用电技术措施和电气防火措施是否符合强制性标准要求;

④冬季、雨季等季节性施工方案的制定是否符合强制性标准要求;

⑤施工总平面布置图是否符合安全生产的要求,办公、宿舍、食堂、道路等临时设施设置以及排水、防火措施是否符合强制性标准要求。

(2)检查施工单位在工程项目上的安全生产保证体系、安全生产责任制、各项规章制度和安全监管机构建立健全及专职安全生产管理人员配备情况,督促施工单位检查各分包单位的安全生产规章制度的建立情况。

(3)审查施工单位资质和安全生产许可证是否合法有效。

(4)审查项目经理和专职安全生产管理人员是否具备合法资格,是否与投标文件相一致。

(5)审核特种作业人员的特种作业操作资格证书是否合法有效。

(6)审核施工单位应急救援预案和安全防护、文明施工措施费用使用计划。

2)施工阶段安全监理的主要工作

(1)监督施工单位按照施工组织设计中的安全技术措施和专项施工方案组织施工。

(2)核查施工现场施工起重机械、整体提升脚手架、模板等自升式架设设施和安全设施的验收手续,并由专职安全监理人员签收备案。

(3)检查施工现场各种安全标志和安全防护措施是否符合强制性标准要求,并检查安全生产费用的使用情况。

(4)督促施工单位进行安全自查工作,并对施工单位自查情况进行抽查,参加建设单位组织的安全生产专项检查。

（5）审核施工现场是否符合《建筑施工现场环境与卫生标准》等标准要求情况。

（6）对施工现场安全生产情况，尤其是危险性较大工程作业情况进行巡视检查，对发现的各类安全事故隐患，书面通知施工单位，并督促其立即整改；情况严重的，及时下达工程暂停令，要求施工单位停工整改，并同时报告建设单位。安全事故隐患消除后，检查整改结果，签署复查或复工意见。施工单位拒不整改或不停工整改的，及时向工程所在地建设主管部门或工程项目的行业主管部门报告。以电话形式报告的，记录通话内容，并及时补充书面报告。检查、整改、复查、报告等情况应记载在监理日志、监理月报中。

3）安全监理的资料管理

监理单位应将有关安全生产的技术文件、验收记录、监理规划、监理实施细则、监理月报、监理会议纪要及相关书面通知等按规定立卷归档，指定专人负责监理内业资料的整理、分类及立卷归档。

（1）参照《建设工程监理规范》的资料管理和表式要求，安全专项施工方案（安全技术措施）报审使用该规范的附录 A2 表，分包单位资质报审使用 A3 表，监理通知单和整改回复单使用 B1、A6 表。旁站记录采用《房屋建筑工程施工旁站监理管理办法（试行）》（建市〔2002〕189 号）附件——旁站监理记录表。

安全监理资料包括原始记录资料及安全监理文书资料。

原始记录有：

①天气记录；

②专职安全监理人员的监理日记；

③专职安全监理人员的报告；

④总监理工程师的安全监理记录；

⑤向承包方发出的安全监理方面的指令；

⑥向建设单位发出的安全监理方面的函件。

（2）专职安全监理人员在监理日记中记录当天施工现场安全生产和安全监理工作情况，记录发现和处理的安全施工问题。总监理工程师定期审阅并签署意见。

（3）监理机构在监理月报中编报安全监理内容（如当地监管部门规定单独编报安全监理月报，应从其规定），对当月施工现场的安全施工状况和安全监理工作作出评述，报建设单位。

（4）尽可能使用音像资料记录施工现场安全生产重要情况和施工安全隐患，并摘要载入监理月报。

（5）安全监理资料应做到真实、完整。

4）常见危险因素及其监控对策

（1）基础施工阶段的常见危险因素及其对策见表 4-3。

表 4-3　基础施工阶段常见危险因素及其对策

序号	控制点	危险因素	对策措施	监护人	安全监理抽查落实情况
1	机械挖土	机斗伤人	配合拉铲的清底、清坡人员不准在挖掘机回转半径内工作		
2	基坑支护	支撑点松动	对支撑点要有验收,其过程应巡查,支撑上部严禁超荷载堆物,经验收投入使用		
3▲	基础施工过程	人、物从基坑坑边坠落	基坑周边必须有防护措施,有上下扶梯斜道,基坑支撑上部严禁有残留物、材料,严禁人在支撑架上行走		
4	基础混凝土浇捣	振捣器、电源线破损	使用完好的电源线,应架空设置,使用一机一闸一漏一箱的开关电箱		

注:加"▲"号者为重点监控过程,须加强巡视检查(若当地规定旁站监理的,从其规定),下同。

（2）主体结构施工阶段的常见危险因素及其对策见表 4-4。

表 4-4　主体结构施工阶段常见危险因素及其对策

序号	控制点	危险因素	对策措施	监护人	安全监理抽查落实情况
1▲	附着式塔吊、人货两用电梯安装、加节、拆除	人、物高处坠落	制定方案,设置警戒区域,专人监控,专职人员持证上岗		
2▲	附着式塔吊、人货两用电梯安装、加节、拆除	限位的有效性、附墙装置的有效性	安装完毕后,报请检测部门验收,验收合格挂牌方可使用		
3▲	行走式塔吊安装、拆除	路基不平衡、限位的有效性、电缆拖地	安装完毕后,报请检测部门验收,验收合格挂牌方可使用		
4▲	井架的搭设、拆除	井架倾覆	制定方案,由持有井架搭拆、提升操作资格证的人员操作,按规定设置缆风绳或附墙装置,设置警戒区,经验收后投入使用		
5	井架的搭设、拆除	操作人员高处坠落	高空作业系好安全带,操作人员必须持证上岗		

续表 4-4

序号	控制点	危险因素	对策措施	监护人	安全监理抽查落实情况
6	井架使用过程	限位装置、通信装置失效	定期检修、保养		
7	井架使用过程	吊篮未停稳就打开楼层防护门	对工人进行相应的教育,落实责任人,进行监控		
8	脚手架的搭设	架体失稳	制定专项施工组织方案,严格按照脚手架安全技术规范及相应的规范执行,分阶段验收,合格后方可投入使用,重点关注拉接点的设置与分布		

(3)装饰装修阶段的常见危险因素及其对策见表 4-5。

表 4-5　装饰装修阶段常见危险因素及其对策

序号	控制点	危险因素	对策措施	监护人	安全监理抽查落实情况
1	脚手架的重新验收挂牌	拉接点四排一隔的缺损	组织相关人员进行验收,不符合标准的及时修复,重新设置加固		
2	手持电动工具	使用时未经二级漏电保护,电源线不符合规范	电动工具必须经验收合格,使用过程配置符合要求的开关电箱		
3	动用明火	靠近易燃易爆物周边动火	动火必须有动火证,教育生产工人注意监护;严禁在易燃易爆物周边动火,确需要动火的必须有可靠的防护措施,办理审批手续		
4	使用的人字扶梯、高凳、活动架	人字扶梯、高凳、活动架倾覆,造成人员伤亡	人字扶梯必须有防滑措施,中间必须有拉接,高凳、活动架必须按标准搭设,使用轮子移动位置的必须有固定措施		
5	木工间、危险品仓库、油漆仓库	管理不当,引起火灾、爆炸	严格仓库管理制度,落实专人负责;有多家分包单位的,仓库集中设置		
6	满堂脚手架、移动脚手架、内脚手架	架体稳定性差,无扶手;缺竹笆,缺上人扶梯	有设计图、设计书,做好分部、分项工作交底,搭设完毕后要验收挂牌使用		

续表 4-5

序号	控制点	危险因素	对策措施	监护人	安全监理抽查落实情况
7▲	吊篮施工	吊篮堆物超重,钢丝绳锈蚀,防护设施不到位,安全锁限位失灵导致高处坠落	吊篮有产品合格证,编制施工方案,安装完毕后应经市级检测部门检测合格后发放准用证使用,操作人员佩戴好安全带,并系在独立设置的生命绳上		

5）突发伤亡事故应急预案

（1）施工现场一旦发生死亡事故（施工单位,包括监理单位人员）,总监理工程师及总监理工程师代表应立即用电话向监理单位报告;施工单位发生伤亡事故督促项目经理及时向有关部门上报。

（2）抢救人员向 120 急救中心求救,报工地方位、详细地址、入口位置,必要时在路口引导急救车辆,并视伤势情况送往相应医院。

（3）督促施工单位抢救伤员,保护好事故现场,以便对事故进行分析处理,从中吸取事故的经验教训,以防同类事故的再次发生。

（4）重伤或轻伤事故,总监理工程师、专职安全监理人员了解事故发生经过,收集整理与事故有关的安全监理资料,编写事故报告,迅速以电子邮件或传真的形式报告公司。总监理工程师按照当地政府监管部门的规定或建设单位的要求,主持或参与事故的调查,督促事故单位落实防范和整改措施。

（5）对于达到等级以上的安全事故,在事故调查处理过程中,监理机构按照《生产安全事故报告和调查处理条例》（国务院令第 493 号）和建设部《关于进一步规范房屋建筑和市政工程生产安全事故报告和调查处理工作的若干意见》（建质〔2007〕257 号）的要求,做好配合工作。事故调查结束后,按照负责事故调查的人民政府的批复和事故调查报告督促事故单位落实防范和整改措施。

10. 安全监理制度

按照建设部《关于落实建设工程安全生产监理责任的若干意见》"四、落实安全生产监理责任的主要工作"的规定,简述工地例会制度、审核制度、巡视检查制度、报告制度、资料归档制度等。部分内容参见本书 3.4 节内容。

11. 初步认定的危险性较大的分部分项工程一览表

按照《建设工程安全生产管理条例》第二十六条和《危险性较大的分部分项工程安全管理办法》的规定,认定危险性较大的分部分项工程。具体可参考表 4-6。

表 4-6　　危险性较大的分部分项工程范围一览表

类型编号	分部分项工程类型	说明	应当组织专家组进行论证审查的工程
1	基坑支护、降水工程	开挖深度超过 3 m(含 3 m)或虽未超过 3 m 但地质条件和周边环境复杂的基坑(槽)支护、降水工程	(1)开挖深度超过 5 m(含 5 m)的基坑(槽)的土方开挖、支护、降水工程 (2)开挖深度虽未超过 5 m,但地质条件、周围环境和地下管线复杂,或影响毗邻建筑(构筑)物安全的基坑(槽)的土方开挖、支护、降水工程
2	土方开挖工程	开挖深度超过 3 m(含 3 m)的基坑(槽)的土方开挖工程	
3	模板工程及支撑体系		
3.1		各类工具式模板工程:包括大模板、滑模、爬模、飞模等工程	工具式模板工程:包括滑模、爬模、飞模工程
3.2		混凝土模板支撑工程:搭设高度 5 m 及以上;搭设跨度 10 m 及以上;施工总荷载 10 kN/m² 及以上;集中线荷载 15 kN/m 及以上;高度大于支撑水平投影宽度,且相对独立无联系构件的混凝土模板支撑工程	混凝土模板支撑工程:搭设高度 8 m 及以上;搭设跨度 18 m 及以上;施工总荷载 15 kN/m² 及以上;集中线荷载 20 kN/m 及以上
3.3		承重支撑体系:用于钢结构安装等满堂支撑体系	承重支撑体系:用于钢结构安装等满堂支撑体系,承受单点集中荷载 700 kg 以上
4	起重吊装及安装拆卸工程		
4.1		采用非常规起重设备、方法,且单件起吊重量在 10 kN 及以上的起重吊装工程	采用非常规起重设备、方法,且单件起吊重量在 100 kN 及以上的起重吊装工程
4.2		采用起重机械进行安装的工程	起重量 300 kN 及以上的起重设备安装工程
4.3		起重机械设备自身的安装、拆卸	高度 200 m 及以上内爬起重设备的拆除工程
5	脚手架工程		
5.1		搭设高度 24 m 及以上的落地式钢管脚手架工程	搭设高度 50 m 及以上落地式钢管脚手架工程
5.2		附着式整体和分片提升脚手架工程	提升高度 150 m 及以上附着式整体和分片提升脚手架工程
5.3		悬挑式脚手架工程	架体高度 20 m 及以上悬挑式脚手架工程

续表 4-6

类型编号	分部分项工程类型	说明	应当组织专家组进行论证审查的工程
5.4		吊篮脚手架工程	
5.5		自制卸料平台、移动操作平台工程	
5.6		新型及异型脚手架工程	
6	拆除、爆破工程		
6.1		建筑物、构筑物拆除工程	（1）码头、桥梁、高架、烟囱、水塔或拆除中容易引起有毒有害（液）体或粉尘扩散、易燃易爆事故发生的特殊建、构筑物的拆除工程 （2）可能影响行人、交通、电力设施、通信设施或其他建、构筑物安全的拆除工程 （3）文物保护建筑、优秀历史建筑或历史文化风貌区控制范围的拆除工程
6.2		采用爆破拆除的工程	采用爆破拆除的工程
7	其他		
7.1		建筑幕墙安装工程	施工高度 50 m 及以上的建筑幕墙安装工程
7.2		钢结构、网架和索膜结构安装工程	跨度大于 36 m 及以上的钢结构安装工程，跨度大于 60 m 及以上的网架和索膜结构安装工程
7.3		人工挖扩孔桩工程	开挖深度超过 16 m 的人工挖孔桩工程
7.4		地下暗挖、顶管及水下作业工程	地下暗挖工程、顶管工程、水下作业工程
7.5		预应力工程	
7.6		采用新技术、新工艺、新材料、新设备及尚无相关技术标准的危险性较大的分部分项工程	采用新技术、新工艺、新材料、新设备及尚无相关技术标准的危险性较大的分部分项工程

注：本表依据《危险性较大的分部分项工程安全管理办法》（建质〔2009〕87 号）的规定编制。

　　初步认定的危险性较大的分部分项工程一览表（应组织专家组进行论证的予以标明）的格式见表 4-7。

表 4-7　初步认定的危险性较大的分部分项工程一览表

序号	类型编号	分部分项工程类型	说明	是否应当组织专家组进行论证审查

注：类型编号、分部分项工程类型、说明的填写参见表 4-6。

12. 初步认定的必须经监理复核安全许可验收手续的施工机械和安全设施一览表

这部分内容要依据施工组织设计中有关数据编制。一是对照《特种设备目录》，凡是属于特种设备的，必须复核安全许可验收手续；二是根据《关于落实建设工程安全生产监理责任的若干意见》等规范性文件和当地政府监管部门的规定，认定必须经监理复核安全许可验收手续的大中型施工机械和安全设施。

可能的复核范围参见表4-8。

初步认定的必须经监理复核安全许可验收手续的施工机械和安全设施一览表的格式见表4-8。更改表名为"初步认定的必须经监理复核安全许可验收手续的大中型施工机械和安全设施一览表"即可。

表4-8　可能的复核范围一览表

序号	类型	举例	说明
1	特种设备		以（20040119）《特种设备目录》（国质检锅〔2004〕31号）为准
1.1		承压热水锅炉	
1.2		气瓶	
1.3		载货电梯	
1.4		电梯部件	
1.5		起重机械	建筑起重机械是指纳入特种设备目录的房屋建筑工地和市政工程工地用起重机械（例如，塔式起重机、流动式起重机（汽车、履带、轨道和轮胎起重机）、施工升降机、高处作业吊篮、物料提升机等起重机械）
2	自升式架设施和安全设施		自升式整体提升脚手架、模板等
3	劳动防护用品		如安全帽、安全带。见（20071105）《建筑施工人员个人劳动保护用品使用管理暂行规定》（建质〔2007〕255号）
4	安全检测监控用具		
5	安全应急器材设备		如消防器材、防毒面具
6	临时建筑物、临时装配式活动房屋		

13. 初步确定的必须编制的安全监理实施细则一览表

建设部《关于落实建设工程安全生产监理责任的若干意见》规定：对中型及以上项目和《条例》第二十六条规定的危险性较大的分部分项工程，监理单位应当编制监理实施细则。实施细则应当明确安全监理的方法、措施和控制要点,以及对施工单位安全技术措施的检查方案。这里"危险性较大的分部分项工程"应按照《危险性较大的分部分项工程安全管理办法》确定。

凡列入初步认定的危险性较大的分部分项工程一览表的分部分项工程均应对应编制安全监理实施细则。

初步确定的必须编制的安全监理实施细则一览表的格式见表4-9。

表 4-9　初步确定的必须编制的安全监理实施细则一览表

序号	类型编号	分部分项工程类型	说明	是否应当组织专家组进行论证审查	安全监理实施细则名称	编制时间	编制人员

注:类型编号、分部分项工程类型、说明的填写见表4-6。

14. 对新材料、新技术、新工艺及特殊结构的安全监督控制措施

根据施工图设计文件、施工组织设计中采用的新材料、新技术、新工艺,制定安全监督控制措施。

15. 现场监理人员安全守则

(1)认真学习国家、地方和行业现行安全生产、劳动保护的方针、政策、标准,了解工程施工程序和安全操作规程。

(2)进入现场必须戴好安全帽,正确使用个人劳动防护用品。

(3)吊装区域不得行走。

(4)严禁赤膊或穿高跟鞋、拖鞋进入施工现场,不准穿硬底和带钉易滑的鞋靴登高。

(5)上下脚手架前应注意其是否牢固、安全,并注意头顶、脚下,以防碰头或坠落。

(6)凡患有高血压、贫血症、眩晕、严重心脏病等不适应施工现场工作的监理人员,不得进入施工现场工作。发觉疾病及时就医,不应勉强进入施工现场工作。

(7)要注意在建工程的楼梯口、电梯口、预留洞口、通道口等防护设施是否齐全,避免失足。对现场不安全隐患及时向承包方指出并督促整改。

(8)施工检查过程中,进入暗处工作须带手电筒,攀高作业应有防护措施,宜两人同行。

(9)凡需验收的项目,在安全措施未落实前,监理有权不予验收,并要求施工单位整改。

(10)重视防火安全,不在禁烟区吸烟,不在办公室和宿舍存放汽油等易燃物品。严禁使用电炉。

(11)上班时间不准饮酒。

4.3　编制安全监理实施细则

4.3.1　基本要求

（1）安全监理实施细则应在专项工程或专业工程施工前，由安全监理人员会同专业监理工程师编制完成，并经总监理工程师批准。

（2）安全监理实施细则应符合安全监理规划的基本要求，充分体现工程特点和合同约定的要求，依据批准的安全专项施工方案、专业特点和现场实际情况，具有明显的针对性。

（3）安全监理实施细则要体现工程总体目标的实施和有效控制，明确监理人员的分工和职责，安全监理工作的方法、措施和控制要点，以及检查方案，具备可行性和可操作性。

（4）安全监理实施细则应突出安全监理工作的预控性，要充分考虑可能发生的各种情况，针对不同情况制订相应的对策和措施，突出监理工作的事前审批、事中监控。

（5）安全监理实施细则可根据实际情况按进度、分阶段进行编制，但应注意前后的连续性、一致性。安全监理实施细则的数量应符合安全监理规划的要求。

（6）总监理工程师在审核时，应注意各个安全监理实施细则间的衔接与配套，以组成系统、完整的安全监理实施细则体系。

（7）在安全监理实施细则条文中，应具体写明引用的规程、规范、标准及设计文件的名称、文号；文中涉及采用的报告、报表时，应写明报告、报表所采用的格式。

（8）在安全监理实施过程中，安全监理实施细则应根据实际情况进行补充、修改和完善，并按规定程序报批。

（9）安全监理实施细则的主要内容及条款可随工程不同而有所调整。

4.3.2　安全监理实施细则主要内容及编制要点

1. 编制安全监理实施细则的依据

（1）已批准的安全监理规划。

（2）已批准的施工组织设计和安全专项施工方案。

（3）已批准的设计文件。

（4）相关的法规、工程建设强制性标准。

（5）规范性文件。

2. 分部分项工程专项工程特点

（1）施工现场与周边环境的情况。

（2）分部分项工程专项施工方案要点。

3. 专项工程安全监理工作流程

安全监理实施细则中应说明该专项工程安全监理工作的流程。

4. 安全监理工作控制要点

(1)检查该专项工程是否已编制安全专项施工方案,并经过审批。

(2)检查该专项工程施工过程中的施工单位管理人员到岗情况。

(3)检查须持证上岗人员的持证情况。

(4)监督施工单位按照批准的安全监理方案中的安全措施组织施工。

(5)作好有关监理记录,收集有关资料。

5. 该专项工程所拟采用的监理工作方法及措施

(1)明确拟巡视的工序/环节、实施巡视人员、对巡视的要求。

(2)明确质量控制旁站监理拟同时进行安全监理的工序/环节、实施人员、对安全监理的要求。

(3)明确必须经过验收(或联合验收)才允许进入下道工序施工的工序/环节。

6. 相关过程安全监理工作记录(表)和资料目录

监理机构应根据国家法规、规章、标准和地方的要求,结合监理项目的实际情况,编制安全监理工作记录(表),并以适当方式告知施工单位。列出将产生的安全监理资料目录。

4.4　审查安全技术措施和安全专项施工方案

按照《关于落实建设工程安全生产监理责任的若干意见》的规定,监理机构应当"审查施工单位编制的施工组织设计中的安全技术措施和危险性较大的分部分项工程安全专项施工方案是否符合工程建设强制性标准要求"。

4.4.1　审查施工单位编制的施工组织设计中的安全技术措施

1. 施工组织设计中的安全技术措施的作用

1)指导施工单位项目管理机构全面开展安全管理工作

项目管理机构的目标就是代表施工单位实现施工单位与建设单位签订的施工合同明确的建设工程总目标。实现建设工程总目标是一个系统工程,必须有施工安全作为重要支撑。在实施工程建设过程中,施工单位项目管理机构要集中精力做好安全管理工作。因此,安全管理措施要对项目管理机构的安全管理工作作出全面、系统的组织和安排。

2)是政府建设安监部门对施工单位安全生产实施监督管理的依据

政府建设安监部门对施工单位安全生产实施监督、管理和指导,一个重要的手段就是通过施工单位的实际安全生产管理工作来评判。而施工单位的安全管理水平可从其编制的安全技术措施和它的实施中充分反映出来。因此,政府建设安监部门对施工单位安全生产实施考核时,十分重视对安全技术措施的检查,这是其监督、管理和指导施工单位开展安全生产管理的重要依据。

3)是建设单位确认施工单位履行合同的依据

施工单位如何履行合同,作为建设单位,非常重视了解施工单位的准确生产管理工作。而施工单位编制的安全技术措施正是建设单位了解这个问题的最好资料。

2. 施工单位编制的施工组织设计中的安全技术措施的审查要点

施工组织设计中的安全技术措施,是施工单位根据国家有关法律法规和工程施工技术标准规范、针对建筑工程特点编制的,应当具有科学性、强制性和现实指导性。监理机构应在总监理工程师的主持下对施工组织设计中的安全技术措施进行程序性、符合性、针对性审查。

1)程序性审查

施工组织设计中的安全技术措施是否有编制人、审核人、施工单位技术负责人签认并加盖单位公章;不符合程序的应予退回。

2)符合性审查

施工组织设计中的技术措施必须符合安全生产法律、法规、规范、工程建设强制性标准及有关规定,必要时应附有安全验算的结果;须经专家论证、审查的项目,应附有专家审查的书面报告。施工组织设计中的安全技术措施应包含以下内容:

(1)施工现场安全生产管理体系、人员、职责及安全管理目标。

(2)安全生产责任制,安全生产教育培训制度,安全施工技术交底制度,安全生产规章制度和操作规程,消防安全责任制,施工机械安装拆卸验收、维护保养管理制度,安全生产自检制度等。

(3)须经监理复核安全许可验收手续的施工机械和安全设施一览表。

(4)需编制的专项安全施工方案一览表(包括须经专家论证、审查的项目)。

(5)对周边建筑物、构筑物及地下管道、电缆、线网等的保护措施。

(6)现场施工用电方案及管理制度。

(7)对于采用新工艺、新材料、新技术和新结构的工程,制定有针对性、行之有效的专门安全技术措施。

(8)预防自然灾害(台风、雷击、洪水、地震、高温、严寒、冰雪等)的措施。

(9)防火防爆措施。

(10)施工现场平面布置应附有说明,如施工区、仓库区、办公区、生活区等临时设施标准、位置、间距,现场道路和出入口,场地排水和防洪,施工用电线路埋地或架空,市区内施工的围挡封闭等。

(11)安全生产事故应急救援预案。

(12)应包含安全防护、文明施工措施项目清单,费用清单及费用使用计划。

(13)劳动保护、环境保护、消防和文明施工应符合有关规定。

3)针对性审查

安全技术措施应针对工程特点、施工部位、所处环境、施工管理模式、现场实际情况等编制,内容具体、明确,具有可操作性。

4.4.2 审查施工单位编制的危险性较大的分部分项工程安全专项施工方案是否符合工程建设强制性标准

《建设工程安全生产管理条例》、建设部《关于落实建设工程安全生产监理责任的若干意见》和建设部《危险性较大的分部分项工程安全管理办法》三个文件,对危险性较大的分部分项工程的表述不尽一致,本书根据《危险性较大的分部分项工程安全管理办法》,结合《关于落实建设工程安全生产监理责任的若干意见》进行表述。

1. 基本要求

安全专项施工方案是施工单位对工程安全施工进行的事先组织和策划,一旦获得批准,就是实施施工的重要依据。危险性较大的分部分项工程安全专项施工方案应当按照《危险性较大的分部分项工程安全管理办法》的规定编制。

1)需编制安全专项施工方案的工程

下列危险性较大的分部分项工程施工单位应当在施工前编制安全专项施工方案:

(1)基坑支护、降水工程。开挖深度超过 3 m(含 3 m)或虽未超过 3 m 但地质条件和周边环境复杂的基坑(槽)支护、降水工程。

(2)土方开挖工程。开挖深度超过 3 m(含 3 m)的基坑(槽)的土方开挖工程。

(3)模板工程及支撑体系。

①各类工具式模板工程:包括大模板、滑模、爬模、飞模等工程。

②混凝土模板支撑工程:搭设高度 5 m 及以上;搭设跨度 10 m 及以上;施工总荷载 10 kN/m² 及以上;集中线荷载 15 kN/m 及以上;高度大于支撑水平投影宽度,且相对独立无联系构件的混凝土模板支撑工程。

③承重支撑体系:用于钢结构安装等满堂支撑体系。

(4)起重吊装及安装拆卸工程。

①采用非常规起重设备、方法,且单件起吊重量在 10 kN 及以上的起重吊装工程。

②采用起重机械进行安装的工程。

③起重机械设备自身的安装、拆卸。

(5)脚手架工程。

①搭设高度 24 m 及以上的落地式钢管脚手架工程。

②附着式整体和分片提升脚手架工程。

③悬挑式脚手架工程。

④吊篮脚手架工程。

⑤自制卸料平台、移动操作平台工程。

⑥新型及异型脚手架工程。

(6)拆除、爆破工程。

①建筑物、构筑物拆除工程。

②采用爆破拆除的工程。

(7)其他。

①建筑幕墙安装工程。

②钢结构、网架和索膜结构安装工程。

③人工挖扩孔桩工程。

④地下暗挖、顶管及水下作业工程。

⑤预应力工程。

⑥采用新技术、新工艺、新材料、新设备及尚无相关技术标准的危险性较大的分部分

项工程。

2）需对安全专项施工方案进行论证的工程

下列超过一定规模的危险性较大的分部分项工程，施工单位应当组织专家对安全专项施工方案进行论证：

（1）深基坑工程。

①开挖深度超过 5 m（含 5 m）的基坑（槽）的土方开挖、支护、降水工程。

②开挖深度虽未超过 5 m，但地质条件、周围环境和地下管线复杂，或影响毗邻建筑（构筑）物安全的基坑（槽）的土方开挖、支护、降水工程。

（2）模板工程及支撑体系。

①工具式模板工程：包括滑模、爬模、飞模工程。

②混凝土模板支撑工程：搭设高度 8 m 及以上；搭设跨度 18 m 及以上；施工总荷载 15 kN/m² 及以上；集中线荷载 20 kN/m 及以上。

③承重支撑体系：用于钢结构安装等满堂支撑体系，承受单点集中荷载 700 kg 以上。

（3）起重吊装及安装拆卸工程。

①采用非常规起重设备、方法，且单件起吊重量在 100 kN 及以上的起重吊装工程。

②起重量 300 kN 及以上的起重设备安装工程，高度 200 m 及以上内爬起重设备的拆除工程。

（4）脚手架工程。

①搭设高度 50 m 及以上落地式钢管脚手架工程。

②提升高度 150 m 及以上附着式整体和分片提升脚手架工程。

③架体高度 20 m 及以上悬挑式脚手架工程。

（5）拆除、爆破工程。

①采用爆破拆除的工程。

②码头、桥梁、高架、烟囱、水塔或拆除中容易引起有毒有害气（液）体或粉尘扩散、易燃易爆事故发生的特殊建、构筑物的拆除工程。

③可能影响行人、交通、电力设施、通信设施或其他建、构筑物安全的拆除工程。

④文物保护建筑、优秀历史建筑或历史文化风貌区控制范围的拆除工程。

（6）其他。

①施工高度 50 m 及以上的建筑幕墙安装工程。

②跨度大于 36 m 及以上的钢结构安装工程，跨度大于 60 m 及以上的网架和索膜结构安装工程。

③开挖深度超过 16 m 的人工挖孔桩工程。

④地下暗挖工程、顶管工程、水下作业工程。

⑤采用新技术、新工艺、新材料、新设备及尚无相关技术标准的危险性较大的分部分项工程。

3）编制单位

建筑工程实行施工总承包的，安全专项施工方案应当由施工总承包单位组织编制。其中，起重机械安装拆卸工程、深基坑工程、附着式升降脚手架等专业工程实行分包的，其安全专项施工方案可由专业承包单位组织编制。

4）编制内容

安全专项施工方案编制应当包括以下内容：

（1）工程概况。危险性较大的分部分项工程概况、施工平面布置、施工要求和技术保证条件等。

（2）编制依据。相关法律、法规、规范性文件、标准、规范及图纸（国标图集）、施工组织设计等，这些依据应是适用的、现行的有效版本。

（3）施工计划。包括施工进度计划、材料与设备计划。

（4）施工工艺技术。技术参数、工艺流程、施工方法、检查验收等。

（5）施工安全保证措施。组织保障、技术措施、应急预案、监测监控等。特别是组织机构和责任制要明确。

（6）劳动力计划。专职安全生产管理人员、特种作业人员等。

（7）计算书及相关图纸。

5）审核程序

安全专项施工方案应当由施工单位技术部门组织本单位施工技术、安全、质量等部门的专业技术人员进行审核。经审核合格的，由施工单位技术负责人签字。实行施工总承包的，安全专项施工方案应当由总承包单位技术负责人及相关专业承包单位技术负责人签字。

不需专家论证的专项方案，经施工单位审核合格后报监理机构，由总监理工程师审查签字。

6）专家论证

超过一定规模的危险性较大的分部分项工程安全专项施工方案应当由施工单位组织召开专家论证会。实行施工总承包的，由施工总承包单位组织召开专家论证会。

下列人员应当参加专家论证会：

（1）专家组成员；

（2）建设单位项目负责人或技术负责人；

（3）监理单位项目总监理工程师及相关人员；

（4）施工单位分管安全的负责人、技术负责人、项目负责人、项目技术负责人、专项方案编制人员、项目专职安全生产管理人员；

（5）勘察、设计单位项目技术负责人及相关人员。

专家组成员应当由 5 名及以上符合相关专业要求的专家组成。

本项目参建各方人员不得以专家身份参加专家论证会。

专家论证的主要内容如下：

（1）专项方案内容是否完整、可行；

（2）专项方案计算书和验算依据是否符合有关标准规范；

（3）安全施工的基本条件是否满足现场实际情况。

专项方案经论证后，专家组应当提交论证报告，对论证的内容提出明确的意见，并在论证报告上签字。该报告作为专项方案修改完善的指导意见。

施工单位应当根据论证报告修改完善专项方案,并经施工单位技术负责人、项目总监理工程师、建设单位项目负责人签字后,方可组织实施。

实行施工总承包的,应当由施工总承包单位、相关专业承包单位技术负责人签字。

专项方案经论证后需做重大修改的,施工单位应当按照论证报告修改,并重新组织专家进行论证。

7)其他要求

施工单位应当严格按照安全专项施工方案组织施工,不得擅自修改、调整安全专项施工方案。如因设计、结构、外部环境等因素发生变化确需修改的,修改后的专项方案应当按前述要求重新审核。对于超过一定规模的危险性较大工程的专项方案,施工单位应当重新组织专家进行论证。

监理人员要审查施工单位编制的危险性较大的分部分项工程安全专项施工方案是否符合工程建设强制性标准,一个很重要的工作就是审查编制的危险性较大的分部分项工程安全专项施工方案的依据是否正确,弄清楚哪些标准对危险性较大的分部分项工程的施工安全做了强制性规定。

虽然《建设工程安全生产管理条例》、《关于落实建设工程安全生产监理责任的若干意见》仅要求监理单位"审查施工单位编制的施工组织设计中的安全技术措施和危险性较大的分部分项工程安全专项施工方案是否符合工程建设强制性标准要求",但同时还要求监理单位"监督施工单位按照施工组织设计中的安全技术措施和专项施工方案组织施工,及时制止违规施工作业"。所以,监理机构审查施工组织设计中的安全技术措施和专项施工方案时,还要关注其是否执行了国家非强制性标准和规范性文件的规定。如果未执行国家非强制性标准和规范性文件的规定,使用的技术必须经过法定的程序认定其是能保证质量和安全的技术。

有些地方政府建设管理部门对地下管线,危险性较大的分部分项工程,施工现场临时用电,冬季、雨季等季节性施工,施工总平面布置,办公、宿舍、食堂、道路等临时设施设置以及排水、防火措施等也提出了具体要求。监理机构要对其要求给予重视,按其要求审查施工单位危险性较大的分部分项工程安全专项施工方案等技术文件。

2. 审查施工单位编制的地下管线保护措施方案是否符合强制性标准要求

《建设工程安全生产管理条例》、《建筑基坑支护技术规程》(JGJ 120—99)、《建筑桩基技术规范》(JGJ 94—2008)、《建设工程项目管理规范》(GB/T 50326—2006)、《爆破安全规程》(GB 6722—2003)等对建设工程施工地下管线的保护作出了规定,监理机构要据此审查,特别是要根据《建设工程安全生产管理条例》和技术标准的强制性条文审查地下管线保护措施方案。

3. 审查危险性较大的分部分项工程的专项施工方案是否符合强制性标准要求

1)审查基坑支护、降水工程安全专项施工方案是否符合强制性标准要求

涉及基坑支护、降水工程的技术标准有《建筑基坑支护技术规程》、《建筑边坡工程技术规范》(GB 50330—2002)、《建筑桩基技术规范》、《锚杆喷射混凝土支护技术规范》(GB 50086—2001)等,监理机构要根据其规定,特别是强制性条文审查基坑支护、降水工程安全专项施工方案。

2）审查土方开挖工程专项施工方案是否符合强制性标准要求

涉及土方开挖与边坡防护工程的技术标准有《建筑施工土石方工程安全技术规范》（JGJ 180—2009）、《建筑边坡工程技术规范》（GB 50330—2002）、《建筑基坑支护技术规程》、《建筑桩基技术规范》等，监理机构要根据其规定，特别是强制性条文审查土方开挖工程的专项施工方案。

3）审查模板工程及支撑体系的专项施工方案是否符合强制性标准要求

涉及模板工程及支撑体系的规范性文件和技术标准较多，包括《建筑施工模板安全技术规范》（JGJ 162—2008）、《建设工程高大模板支撑系统施工安全监督管理导则》（建质〔2009〕254 号）、《液压滑动模板施工安全技术规程》（JGJ 65—89）、《组合钢模板技术规范》（GB 50214—2001）、《建筑工程预防坍塌事故若干规定》（建质〔2003〕82 号）、《建筑工程大模板技术规程》（JGJ 74—2003）、《建筑施工门式钢管脚手架安全技术规范》（JGJ 128—2010）、《建筑施工扣件式钢管脚手架安全技术规范》（JGJ 130—2001）、《建筑施工高处作业安全技术规范》（JGJ 80—91）、《大模板多层住宅结构设计与施工规程》（JGJ 20—84）、《滑动模板工程技术规范》（GB 50113—2005）等，监理机构要根据其规定审查模板工程及支撑体系的专项施工方案。

4）审查起重吊装及安装拆卸工程的专项施工方案是否符合强制性标准要求

涉及起重吊装及安装拆卸工程的法律、法规、技术标准和规范性文件很多，主要有《安全生产法》、《特种设备安全监察条例》（国务院令第 373 号）、《建筑起重机械安全监督管理规定》、《建筑施工高处作业安全技术规范》、《建筑机械使用安全技术规程》（JGJ 33—2001）、《建筑施工塔式起重机安装、使用、拆卸安全技术规程》（JGJ 196—2010）、《塔式起重机安全规程》（GB 5144—2006）、《塔式起重机》（GB/T 5031—2008）、《塔式起重机操作使用规程》（JG/T 100—1999）、《施工升降机安全规程》（GB 10055—2007）、《建筑施工升降机安装、使用、拆卸安全技术规程》（JGJ 215—2010）、《施工现场机械设备检查技术规程》（JGJ 160—2008）、《建筑机械技术试验规程》（JGJ 34—1986）、《起重机械超载保护装置》（GB 12602—2009）、《起重吊运指挥信号》（GB 5082—85）、《关于进一步加强塔式起重机管理预防重大事故的通知》（建建〔2000〕237 号）、《施工现场安全防护用具及机械设备使用监督管理规定》（建建〔1998〕164 号）、《建筑起重机械备案登记办法》等，监理机构要根据其规定审查起重吊装及安装拆卸工程的专项施工方案。

5）审查脚手架工程的专项施工方案是否符合强制性标准要求

涉及脚手架工程的技术标准和规范性文件有《建筑施工扣件式钢管脚手架安全技术规范》、《建筑施工门式钢管脚手架安全技术规范》、《建筑施工碗扣式钢管脚手架安全技术规范》（JGJ 166—2008）、《液压升降整体脚手架安全技术规程》（JGJ 183—2009）、《建筑施工木脚手架安全技术规范》（JGJ 164—2008）、《建筑施工工具式脚手架安全技术规范》（JGJ 202—2010）、《建筑施工模板安全技术规范》、《建筑施工附着升降脚手架管理暂行规定》（建建〔2000〕230 号）等，监理机构要根据其规定审查脚手架工程的专项施工方案。

6）审查拆除、爆破工程的专项施工方案是否符合强制性标准要求

涉及拆除、爆破工程的法律、法规和技术标准有《安全生产法》、《民用爆炸物品安全管理条例》（国务院令第 466 号）、《建筑拆除工程安全技术规范》（JGJ 147—2004）、《爆破

安全规程》（GB 6722—2003）等，监理机构要根据其规定审查拆除、爆破工程的专项施工方案。

4. 审查施工现场临时用电施工组织设计或者安全用电技术措施和电气防火措施是否符合强制性标准要求

涉及施工现场临时用电和电气防火的技术标准有《施工现场临时用电安全技术规范》（JGJ 46—2005）、《建设工程施工现场供用电安全规范》（GB 50194—93）、《施工现场机械设备检查技术规程》等，监理机构要根据其规定审查施工现场临时用电施工组织设计或者安全用电技术措施和电气防火措施。

5. 审查冬季、雨季等季节性施工方案的制定是否符合强制性标准要求

几乎每个专项工程施工的技术标准都对其季节性施工有要求，例如《中华人民共和国防汛条例》（国务院令第 441 号）、《爆破安全规程》、《建筑机械使用安全技术规程》、《建筑施工土石方工程安全技术规范》、《建筑工程冬季施工规程》（JGJ 104—97）等。监理机构要根据其规定审查冬季、雨季等季节性施工方案。

6. 施工总平面布置图是否符合安全生产的要求，办公、宿舍、食堂、道路等临时设施设置以及排水、防火措施是否符合强制性标准要求

1）审查施工总平面布置图是否符合安全生产的要求

涉及施工总平面布置图的技术标准有《建设工程施工现场供用电安全规范》、《建设工程项目管理规范》等，监理机构要根据其规定审查施工总平面布置图。

2）审查办公、宿舍、食堂、道路等临时设施设置以及排水、防火措施是否符合强制性标准要求

涉及办公、宿舍、食堂、道路等临时设施设置以及排水、防火措施的技术标准有《建筑施工现场环境与卫生标准》（JGJ 146—2004）、《建设工程施工现场供用电安全规范》、《施工现场临时用电安全技术规范》

4.5 检查施工单位在工程项目上的安全生产规章制度和安全监管机构的建立、健全及专职安全生产管理人员配备情况，督促施工单位检查各分包单位的安全生产规章制度的建立情况

4.5.1 检查施工单位在工程项目上的安全生产规章制度情况

1. 施工单位在工程项目上的安全生产规章制度不得低于国家相关制度的要求

施工单位应当根据国家安全生产监督管理的要求，结合本项目的实际情况，制订有针对性的安全生产规章制度。将国家的安全生产监督管理制度在本项目上具体落实。

2. 施工单位在工程项目上要有健全的安全生产规章制度

施工单位的安全保证体系应当是健全完备的体系，要有一系列安全生产规章制度和操作规程。这些制度和规程，应当具有针对性和可操作性，应当能切实贯彻落实并留有运行记录。

1）安全生产责任制度

安全生产责任制度是施工单位诸多安全生产制度的核心。安全生产责任制主要规定谁来管,管什么,怎么管,管不住怎么办等问题。项目经理、副经理、项目技术负责人、专职安全管理人员和其他项目管理人员,是项目安全生产工作的管理层,工段、班组、工人是项目安全管理的执行层,各自的责任必须明确。常见的情况是,施工单位报来的安全组织机构只有框图没有名单,谁分管什么不知道;有的虽然有机构名单但是没有职责,各人的责任不明确。监理机构应当要求施工单位建立、健全安全生产责任制度,做到事事有人管,人人有事干,避免推诿扯皮的现象出现。

2）其他规章制度

其他规章制度包括:安全生产教育培训制度,安全技术交底制度,安全生产检查制度,建筑工地施工用电管理制度,生产安全事故报告制度,生产安全事故应急救援制度,建筑工地文明施工管理制度,建筑工地卫生防疫管理制度,建筑工地消防管理制度,施工现场门卫、保卫治安值班制度。

其中,生产安全事故报告制度不仅包含事故发生后应按有关规定及时上报,还包括企业内部的生产安全隐患以及轻伤等事故的报告与建档统计工作。即应建立生产安全事故档案,按时如实填报职工伤亡事故月报告表并按规定及时上报,保存事故调查处理文件、图片资料等有关资料,作为技术分析和改进的依据。生产安全事故发生后必须按有关规定及时、准确、完整地报告,任何单位和个人,包括施工现场工程监理单位人员对事故不得迟报、漏报、谎报或者瞒报。

4.5.2　检查施工单位在工程项目上安全监管机构的建立、健全及专职安全生产管理人员配备情况

施工单位在工程项目上建立安全监管机构、配备安全生产管理人员应当执行《建筑施工企业安全生产管理机构设置及专职安全生产管理人员配备办法》的规定。

1. 安全生产管理机构的设置

建筑施工企业及其所属分公司、区域公司等较大的分支机构必须在建设工程项目上设立安全生产管理机构。

2. 专职安全生产管理人员的配备

建设工程项目应当成立由项目经理负责的安全生产管理小组,小组成员应包括企业派驻到项目的专职安全生产管理人员。专职安全生产管理人员的配备如下:

（1）建筑工程、装修工程按照建筑面积配备专职安全生产管理人员。

①1 万 m^2 及以下的工程至少 1 人;

②1 万 ~ 5 万 m^2 的工程至少 2 人;

③5 万 m^2 以上的工程至少 3 人,应当设置安全主管,按土建、机电设备等专业设置专职安全生产管理人员。

（2）土木工程、线路管道、设备按照安装总造价配备专职安全生产管理人员。

①5 000 万元以下的工程至少 1 人;

②5 000 万 ~ 1 亿元的工程至少 2 人;

③1 亿元以上的工程至少 3 人，应当设置安全主管，按土建、机电设备等专业设置专职安全生产管理人员。

（3）采用新技术、新工艺、新材料或致害因素多、施工作业难度大的工程项目，施工现场专职安全生产管理人员的数量应当根据施工实际情况，在（1）、（2）规定的配置标准上增配。

（4）劳务分包企业建设工程项目施工人员 50 人以下的，应当设置 1 名专职安全生产管理人员；50 人～200 人的，应设 2 名专职安全生产管理人员；200 人以上的，应根据所承担的分部分项工程施工危险实际情况增配，并不少于企业总人数的 5‰。

4.5.3　督促施工单位检查各分包单位的安全生产规章制度的建立情况

监理机构应当督促施工单位检查各分包单位的安全生产规章制度的建立情况。对分包单位建立安全生产规章制度的要求与施工单位相同。

4.6　审查施工单位资质和安全生产许可证是否合法有效

4.6.1　审查施工单位资质

1. 施工单位的资质规定

为了加强对建筑活动的监督管理，维护公共利益和建筑市场秩序，保证建设工程的质量和安全，建设部在 2007 年 6 月发布了新修订的《建筑业企业资质管理规定》（建设部令第 159 号）。建筑业企业资质等级按照《建筑业企业资质等级标准》（建建〔2001〕82 号）、《施工总承包企业特级资质标准》（建市〔2007〕72 号）确定。承包单位必须在规定的范围内进行经营活动，不得超范围经营。建设行政主管部门对承包单位的资质实行动态管理。

建筑业企业资质分为施工总承包、专业承包和劳务分包三个序列。这三个序列按照工程性质和技术特点分别划分为若干资质类别，各资质类别按照规定的条件划分为若干等级。

1）施工总承包企业

获得施工总承包资质的企业，可以对工程实行总承包或者对主体工程实行施工承包。

施工总承包企业可以对所承接的工程全部自行施工，也可以依法将非主体工程或者劳务作业分包给具有相应专业承包资质或者劳务分包资质的其他建筑业企业。施工总承包企业的资质按专业类别共分为 12 个资质类别，每一个资质类别又分为特级、一级、二级、三级。总承包企业资质类别包括：房屋建筑工程、公路工程、铁路工程、港口和航道工程、水利水电工程、电力工程、矿山工程、冶炼工程、化工石油工程、市政公用工程、通信工程、机电安装工程等 12 类。

2）专业承包企业

获得专业承包资质的企业，可以承接施工总承包企业分包的专业工程或者建设单位按照规定发包的专业工程。专业承包工程可以对所承接的工程全部自行施工，也可以将劳务作业分包给具有相应劳务分包资质的劳务分包企业。专业承包企业资质按专业类别共分 60 个资质类别,每个资质类别又分为一级、二级、三级。专业承包企业资质类别包括:地基与基坑工程、土石方工程、建筑装饰装修、建筑幕墙工程、园林古建筑工程、消防设施工程、爆破与拆除工程、桥梁工程、隧道工程等 60 个。

3)劳务分包企业

获得劳务分包资质的企业,可以承接施工总承包企业或专业承包企业分包的劳务作业。劳务分包资质类别包括:木工、砌筑、抹灰、石制、油漆、钢筋、混凝土、脚手架、模板、焊接、水暖电安装、钣金、架线等 13 类。

2. 施工承包单位资质的审查

根据相关法律法规的要求,监理机构要对施工承包单位市场准入进行把关,审查施工承包单位的企业资质。

对施工承包单位资质的审查分两种情况进行。

第一种情况,施工单位(一般是总承包企业或是法律法规规定的有专项专业资质要求的专业承包企业)是经公开招标确定的,施工单位的资格已由建设单位或招标代理机构在招标过程中进行了审查,审查结果也是符合工程项目要求的。在这种情况下,监理机构无需再进行施工单位资格的审查,只要对进场的施工单位进行资格核验(包括队伍的真实性、主要管理人员的真实性)就可以了。监理机构应该注意防止弄虚作假或冒名挂靠等情况发生。

第二种情况,施工单位不需要经过公开招标投标程序选择,往往由建设单位直接选定。在这种情况下,监理机构要认真按照国家规定对施工单位的资格和能力进行审查。内容包括审查施工资质是否能满足工程实际施工需要、有无类似工程业绩、有无质量安全不良记录等。在选择、确定施工单位的过程中,监理机构仅有建议权和否决权,没有决定权。但如果施工单位的资质不符合国家规定,施工单位不能保证施工安全,监理机构应向建设单位发监理工作联系单(C1),提出明确意见。

3. 审查专业分包和劳务分包单位的资质(与质量监理结合进行)

1)审查程序

(1)施工总承包单位报送已选定的分包单位资格报审表(A3)和分包单位有关资质资料。

(2)专职安全监理人员会同专业监理工程师审查分包单位资质报审表和分包单位有关资质资料,符合有关规定后报总监理工程师。

(3)总监理工程师审批。

2)审查内容

(1)审查分包单位的营业执照、企业资质等级证书、国外(境外)企业在国内承包工程的许可证。

(2)是否有不良安全生产记录。

(3)资质等级证书与分包工程的内容和范围是否符合。监理人员根据拟分包工程的内容和范围,对照《注册建造师执业工程规模标准(试行)》(建市〔2007〕171 号)、《建筑业企业资质等级标准》或《施工总承包企业特级资质标准》,确认资质等级证书是否符合。

(4)专业管理人员和特种作业人员及建设行政主管部门规定有要求的人员的资格

证、上岗证(具体内容参见本书4.7节、4.8节)。

(5)分包单位是否已取得"安全生产许可证",并处在正常持有状态(包括3年的有效期和未被扣证)(具体内容参见本书4.6.2部分)。

4.6.2　审查施工承包单位的安全生产许可证

2004年1月13日,国务院颁布实施《安全生产许可证条例》。2004年7月5日,建设部公布施行《建筑施工企业安全生产许可证管理规定》。2008年6月30日,住建部印发了《建筑施工企业安全生产许可证动态监管暂行办法》。国家对建筑施工企业实行安全生产许可制度(具体内容参见本书1.4.2部分),建筑施工企业未取得安全生产许可证的,不得从事建筑施工活动。国务院建设主管部门负责中央管理的建筑施工企业安全生产许可证的颁发和管理,省、自治区、直辖市人民政府建设主管部门,负责本行政区域内上述规定以外的建筑施工企业安全生产许可证的颁发和管理,并接受国务院建设主管部门的指导和监督。

安全生产许可证的有效期为3年,有效期满需要延期的,施工企业应当于期满前3个月向原发证机关办理延期手续。施工企业在安全生产许可证有效期内,严格遵守有关安全生产的法律法规,未发生死亡事故的,安全生产许可证有效期届满时,经原发证机关同意,不再审查,安全生产许可证有效期可延期3年。

施工承包单位的安全生产许可证审查要点如下:

(1)审查施工承包单位的安全生产许可证的真实性。一是要审查施工承包单位(包括施工总承包单位、专业承包(分包)单位、劳务分包单位)的安全生产许可证原件;二是要审查安全生产许可证发证单位资格。2004年7月5日,建设部发布的《建筑施工企业安全生产许可证管理规定》第三条规定:国务院建设主管部门负责中央管理的建筑施工企业安全生产许可证的颁发和管理。省、自治区、直辖市人民政府建设主管部门负责本行政区域内前款规定以外的建筑施工企业安全生产许可证的颁发和管理,并接受国务院建设主管部门的指导和监督。必要时通过建设主管部门的网络系统查询。

(2)审查施工承包单位的安全生产许可证的有效性。审查安全生产许可证是否在3年的有效期内。如果安全生产许可证有效期满又未办理延期手续,视为无效。

(3)如果安全生产许可证被依法暂扣,监理机构不得签发开工令。

(4)如果安全生产许可证无效或被吊销,建议建设单位依法解除合同。

(5)保存安全生产许可证复印件。

4.7　审查项目经理和专职安全生产管理人员是否具备合法资格,是否与投标文件相一致

4.7.1　项目经理资格的审查

1.项目经理建造师注册证书的审查

项目经理就是工程项目的施工单位项目负责人,2006年12月28日建设部发布的

《注册建造师管理规定》（建设部令第 153 号）规定：未取得注册证书和执业印章的，不得担任大中型建设工程项目的施工单位项目负责人，不得以注册建造师的名义从事相关活动。因此，监理机构应对项目经理的执业资格进行审查。审查要点如下：

（1）审查施工项目经理建造师注册证书的真实性。

一是要审查建造师注册证书的原件；二是要审查建造师注册证书发证单位资格。《注册建造师管理规定》规定，一级建造师由国务院建设主管部门审批，符合条件的，由国务院建设主管部门核发"中华人民共和国一级建造师注册证书"，并核定执业印章编号。一级注册建造师的注册证书由国务院建设主管部门统一印制。二级建造师由省、自治区、直辖市人民政府建设主管部门负责审批，对批准注册的，核发国务院建设主管部门统一样式的"中华人民共和国二级建造师注册证书"和执业印章。必要时通过建设主管部门的网络系统查询。

（2）审查施工项目经理建造师注册证书的有效性。

注册证书与执业印章有效期为 3 年。监理机构审查建造师注册证书是否在 3 年的有效期内。如果建造师注册证书有效期满又未办理延续注册，视为无效。

（3）审查施工项目经理建造师注册证书是否与施工项目相符合。

根据建设部 2008 年 2 月 26 日印发的《注册建造师执业管理办法（试行）》（建市〔2008〕48 号）规定，大中型工程施工项目负责人必须由本专业注册建造师担任，即项目经理的建造师注册证书所注册的专业必须与施工项目相符合。一级注册建造师可担任大、中、小型工程施工项目负责人，二级注册建造师可以承担中、小型工程施工项目负责人。二级注册建造师没有资格担任大型工程施工项目负责人（项目经理）。施工项目的工程规模按照建设部 2007 年 7 月 4 日印发的《注册建造师执业工程规模标准（试行）》确认。

（4）审查施工项目经理建造师注册证书的注册单位与投标单位是否一致。

（5）几个问题的处理原则。

①担任施工项目经理的人员与投标文件中不一致时，总监理工程师应报告建设单位，并让其书面确认。

②如投标单位利用虚假建造师注册证书获取中标，总监理工程师应报告建设单位，建议建设单位按照招标投标法规和招标文件规定处理。如果合同有效，建议建设单位责令投标单位重新委派有资格的人员担任项目经理。在投标单位重新委派的项目经理资格未被审查确认合格并被建设单位确认前，总监理工程师不得签发开工令。

③如果施工项目经理建造师注册证书有效期满又未办理延续注册，总监理工程师应报告建设单位，建议建设单位责令投标单位重新委派有资格的人员担任项目经理。在投标单位重新委派的项目经理资格未经监理机构审查确认并被建设单位确认前，总监理工程师不得签发开工令。

④如果施工项目经理建造师注册证书的注册单位与投标单位不一致，应报告建设单位。建议建设单位让投标单位提供该项目经理已被聘用并正在办理变更注册的证明。否则，同样应重新委派项目经理并经审查确认。

（6）保存施工项目经理建造师注册证书复印件。

2. 项目经理安全生产考核合格证书的审查

项目经理即是项目负责人。根据《建筑施工企业主要负责人、项目负责人和专职安全生产管理人员安全生产考核管理暂行规定》的相关规定,项目负责人必须经建设行政主管部门或者其他有关部门安全生产考核,考核合格取得安全生产考核合格证书(B 类证)后,方可担任相应职务(这里的"其他有关部门"是指铁路、交通、水利等有关部门)。国务院建设行政主管部门负责全国建筑施工项目负责人安全生产的考核工作,并负责中央管理的建筑施工项目负责人安全生产考核和发证工作。省、自治区、直辖市人民政府建设行政主管部门负责本行政区域内中央管理以外的建筑施工项目负责人安全生产考核和发证工作。建筑施工项目负责人安全生产考核合格证书有效期为 3 年。有效期满需要延期的,应当于期满前 3 个月内向原发证机关申请办理延期手续。

监理机构应当像审查项目经理建造师注册证书一样,审查项目经理安全生产考核合格证书的真实性、有效性、与投标文件的一致性,并采用同样的处理原则进行处理。

保存施工项目经理安全生产考核合格证书复印件。

4.7.2　专职安全管理人员安全生产考核合格证书的审查

这里的专职安全生产管理人员,是指施工企业在施工现场的专职安全生产管理人员。根据《建筑施工企业主要负责人、项目负责人和专职安全生产管理人员安全生产考核管理暂行规定》的相关规定,专职安全管理人员必须经建设行政主管部门或者其他有关部门安全生产考核,考核合格取得安全生产考核合格证书(C 类证)后,方可担任相应职务(这里的"其他有关部门"是指铁路、交通、水利等有关部门)。国务院建设行政主管部门负责全国建筑施工项目专职安全管理人员安全生产的考核工作。建筑施工项目专职安全管理人员安全生产考核合格证书有效期为 3 年。有效期满需要延期的,应当于期满前 3 个月内向原发证机关申请办理延期手续。

监理机构应当像审查项目经理建造师注册证书一样,审查专职安全管理人员安全生产考核合格证书的真实性、有效性、与投标文件的一致性,并采用同样的处理原则进行处理。

保存专职安全管理人员安全生产考核合格证书复印件。

4.8 审核特种作业人员的特种作业操作资格证书是否合法有效

建筑施工特种作业人员是指在房屋建筑和市政工程施工活动中,从事可能对本人、他人及周围设备设施的安全造成重大危害作业的人员。为加强对建筑施工特种作业人员的管理,防止和减少生产安全事故,根据《安全生产许可证条例》、《建筑起重机械安全监督管理规定》等法规规章,住建部 2008 年 4 月 18 日印发了《建筑施工特种作业人员管理规定》(建质〔2008〕75 号)。监理机构应按该规定对特种作业人员的特种作业操作资格证书进行审查。

(1)建筑施工特种作业包含的类别如下:

①建筑电工；

②建筑架子工；

③建筑起重信号司索工；

④建筑起重机械司机；

⑤建筑起重机械安装拆卸工；

⑥高处作业吊篮安装拆卸工；

⑦经省级以上人民政府建设主管部门认定的其他特种作业。

建筑施工特种作业操作范围见《关于建筑施工特种作业人员考核工作的实施意见》（建办质〔2008〕41 号）附件一。

凡是施工作业纳入建筑施工特种作业的人员均要审查其特种作业操作资格证书。

（2）建筑施工特种作业人员必须经建设主管部门考核合格，取得建筑施工特种作业人员操作资格证书，方可上岗从事相应作业。

监理机构可以要求施工单位提供特种作业人员花名册及其取得的建筑施工特种作业人员操作资格证书。未取得特种作业人员操作资格证书的人员，不得列入花名册从事特种作业。监理机构发现未取得特种作业人员操作资格证书的人员列入花名册的，应当提出审查意见，退回审查申请资料，要求施工单位立即整改，并跟踪检查整改情况。有关监理人员应将此种情况记入监理日记，监理机构应将此种情况写入监理月报（周报、旬报）和监理专题报告。

（3）建筑施工特种作业人员的考核发证工作，由省、自治区、直辖市人民政府建设主管部门或其委托的考核发证机构负责组织实施。

资格证书应当采用国务院建设主管部门规定的统一样式，由考核发证机关编号后签发。资格证书在全国通用。

监理机构应按此规定审查特种作业人员操作资格证书的真实性。如果发证机关不是省、自治区、直辖市人民政府建设主管部门或其委托的考核发证机构，或者资格证书没有采用国务院建设主管部门规定的统一样式，或者特种作业人员操作资格证书编号不符合"建筑施工特种作业操作资格证书编号规则"，应要求施工单位做出说明。必要时向省、自治区、直辖市人民政府建设主管部门或其委托的考核发证机构咨询，或通过其网络系统查询。未通过特种作业人员操作资格证书的真实性审查的人员，监理机构应当提出审查意见，退回审查申请资料，要求施工单位立即整改，并跟踪检查整改情况。有关监理人员应将此种情况记入监理日记，监理机构应将此种情况写入监理月报（周报、旬报）和监理专题报告。

（4）特种作业人员操作资格证书有效期为 2 年。有效期满需要延期的，建筑施工特种作业人员应当于期满前 3 个月内向原考核发证机关申请办理延期复核手续。延期复核合格的，资格证书有效期延期 2 年。

据此审查特种作业人员操作资格证书是否在有效期内。如果超过有效期，视为特种作业人员操作资格证书无效。监理机构应当提出审查意见，退回审查申请资料，要求施工单位立即整改，并跟踪检查整改情况。有关监理人员应将此种情况记入监理日记，监理机构应将此种情况写入监理月报（周报、旬报）和监理专题报告。

（5）监理机构应保存通过审查的特种作业人员花名册及其操作资格证书复印件（有效证件）。

4.9　审核施工单位应急救援预案和安全防护措施费用使用计划

4.9.1　审核施工单位应急救援预案

施工单位应急救援预案在这里是指施工单位生产安全事故应急预案。监理机构应当按照国家安全生产监督管理总局 2009 年 4 月 1 日发布的《生产安全事故应急预案管理办法》（国家安全生产监督管理总局令第 17 号）、2006 年 11 月 1 日实施的《生产经营单位安全生产事故应急预案编制导则》（AQ/T 9002—2006），对施工单位应急救援预案进行审查。

4.9.2　审核施工单位安全防护措施费用使用计划

为加强建筑工程安全生产、文明施工管理，保障施工从业人员的作业条件和生活环境，防止施工安全事故发生，根据《安全生产法》、《建筑法》、《建设工程安全生产管理条例》、《安全生产许可证条例》等法律法规，建设部 2005 年 6 月 7 日印发了《建筑工程安全防护、文明施工措施费用及使用管理规定》（建办〔2005〕89 号）。规定指出"安全防护、文明施工措施费用，是指按照国家现行的建筑施工安全、施工现场环境与卫生标准和有关规定，购置和更新施工安全防护用具及设施、改善安全生产条件和作业环境所需要的费用"。监理机构应根据此规范性文件审核施工单位安全防护措施费用使用计划。审核要点如下：

（1）施工单位应当按照《建设工程安全生产管理条例》的规定，"对列入建设工程概算的安全作业环境及安全施工措施所需费用，应当用于施工安全防护用具及设施的采购和更新、安全施工措施的落实、安全生产条件的改善，不得挪作他用"。

（2）施工单位安全防护措施费用应当用于《建筑工程安全防护、文明施工措施费用及使用管理规定》附件"建设工程安全防护、文明施工措施项目清单"中的项目。

（3）安全防护措施费用使用计划应当符合施工合同的约定。

（4）安全防护、文明施工措施费用单价应当与投标文件中一致。

第 5 章　施工阶段安全监理的主要工作内容

本章根据建设部《关于落实建设工程安全生产监理责任的若干意见》(建市〔2006〕248 号)的要求,阐述施工阶段安全监理的主要工作。

5.1　监督施工单位按照施工组织设计中的安全技术措施和专项施工方案组织施工,及时制止违规施工作业

5.1.1　监督施工单位按照施工组织设计中的安全技术措施组织施工

1.施工单位安全管理监督要点

1)落实安全生产责任制

(1)项目经理部建立的各级、各职能部门及各类人员的安全生产责任制,应装订成册。项目经理部管理人员安全生产责任制应当挂墙。

(2)总分包单位之间、施工单位和项目经理部应当签订安全生产目标责任书。工程各项经济承包合同中要有明确的安全生产指标。安全生产目标责任书中要有明确的安全生产指标、有针对性的安全保证措施、双方责任及奖惩办法。

(3)施工现场各工种安全技术操作规程应当齐全,并要装订成册。

(4)施工现场安全生产管理机构的建立和专职安全生产管理人员的配备应当符合《建筑施工企业安全生产管理机构设置及专职安全生产管理人员配备办法》的规定(具体内容参见本书 4.5.2 部分)。

(5)项目经理部各级、各部门和各类人员的安全生产责任考核要有书面记录。项目经理、经理部其他管理人员、各班组长安全生产责任制的考核频次要与考核制度相符合。

2)分部(分项)工程安全技术交底

(1)安全技术交底必须与下达施工任务同时进行。新进场班组要先进行安全技术交底再上岗。

(2)安全技术交底内容要全面(应包括工作场所的安全防护设施、安全操作规程、安全注意事项等),要有针对性。

(3)安全技术交底要以书面形式进行,双方要履行签字手续。

3)施工单位内部安全检查

(1)施工单位和项目经理部要认真执行安全检查制度,检查方式、时间、内容和整改、处罚措施等要与制度相符合,特别是工程安全防范的重点部位和危险岗位要进行认真检查。施工单位、项目经理部、班组的检查频率要符合规定。

(2)各种安全检查(包括被检)要做到每次有记录,对查出的事故隐患要做到定人、定时、定措施进行整改,要有复查情况记录。被检的部门要如期整改并上报检查部门,现场

要有整改回执单。

（3）对重大事故隐患的整改要如期完成，并上报施工单位和有关部门。

4）施工单位和项目经理部安全教育培训

监理机构要监督施工单位和项目经理部按照国家的安全教育培训的规定（具体内容参见本书1.4.6部分）和自身制订的教育培训制度，做好安全教育培训工作。施工单位和项目经理部应当做好以下几点：

（1）施工单位和施工现场应当建立安全培训教育档案。

（2）要建立现场职工安全教育卡。新进场工人须进行公司（15学时）、项目经理部（15学时）、班组（20学时）的"三级"安全教育，经考核合格后才能进入操作岗位。

（3）安全教育内容必须具体，有针对性。

（4）施工单位待岗、转岗、换岗的职工，在重新上岗前，必须接受一次安全培训，时间不少于20学时，其中变换工种的进行新工种的安全教育。

（5）单位职工每年度接受安全培训，法定代表人、项目经理培训时间不得少于30学时，专职安全管理人员不少于40学时，特种作业人员不少于24学时，其他管理人员不少于20学时。

5）劳动防护用品的配备和使用

监理机构应按照《建筑施工人员个人劳动保护用品使用管理暂行规定》（建质〔2007〕255号）、《建筑施工作业劳动防护用品配备及使用标准》（JGJ 184—2009）的规定，监督施工单位劳动防护用品的配备和使用。监督要点如下：

（1）基本规定。

①施工单位必须为从业人员配备相应的劳动防护用品，使其免遭或减轻事故伤害和职业危害。

②进入施工现场人员必须佩戴安全帽。作业人员必须戴安全帽、穿工作鞋和工作服；应按作业要求正确使用劳动防护用品。在2 m及以上无可靠安全防护设施的高处、悬崖和陡坡作业时，必须系挂安全带。

③施工单位应加强对施工作业人员的教育培训，保证施工作业人员能正确使用劳动保护用品。项目经理部应有教育培训的记录，有培训人员和被培训人员的签名和时间。

④施工单位应加强对施工作业人员劳动保护用品使用情况的检查，并对施工作业人员劳动保护用品的质量和正确使用负责。实行施工总承包的工程项目，施工总承包企业应加强对施工现场内所有施工作业人员劳动保护用品的监督检查。督促相关分包企业和人员正确使用劳动保护用品。

⑤监理单位要加强对施工现场劳动保护用品的监督检查。发现有不使用，或使用不符合要求的劳动保护用品，应责令相关企业立即改正。对拒不改正的，应当向建设行政主管部门报告。

（2）劳动防护用品的配备。

①架子工、起重吊装工、信号指挥工的劳动防护用品应符合下列规定：

a. 架子工、塔式起重机操作人员、起重吊装工应配备灵便紧口的工作服、系带防滑鞋和工作手套。

　　b. 信号指挥工应配备专用标志服装。在自然强光环境条件下作业时,应配备有色防护眼镜。

　　②电工的劳动防护用品配备应符合下列规定:

　　a. 维修电工应配备绝缘鞋、绝缘手套和灵便紧口的工作服。

　　b. 安装电工应配备手套和防护眼镜。

　　③电焊工、气割工的劳动防护用品配备应符合下列规定:

　　a. 电焊工、气割工应配备阻燃防护服、绝缘鞋、鞋盖、电焊手套和焊接防护面罩。在高处作业时,应配备安全帽与面罩连接式焊接防护面罩和阻燃安全带。

　　b. 从事清除焊渣作业时,应配备防护眼镜。

　　c. 从事磨削钨极作业时,应配备手套、防尘口罩和防护眼镜。

　　d. 从事酸碱等腐蚀性作业时,应配备防腐蚀工作服、耐酸碱胶鞋,戴耐酸碱手套、防护口罩和防护眼镜。

　　e. 在密闭环境或通风不良的情况下,应配备送风防护面罩。

　　④锅炉、压力容器及管道安装工的劳动防护用品配备应符合下列规定:

　　a. 锅炉及压力容器安装工、管道安装工配备紧口工作服和保护足趾安全鞋。在强光环境条件下作业时,应配备有色防护眼镜。

　　b. 在地下或潮湿场所,应配备紧口工作服、绝缘鞋和绝缘手套。

　　⑤油漆工在从事涂刷、喷漆作业时,应配备工作服、防静电鞋、防静电手套、防毒口罩和防护眼镜;从事砂纸打磨作业时,应配备防尘口罩和密闭式防护眼镜。

　　⑥普通工从事淋灰、筛灰作业时,应配备高腰工作鞋、鞋盖、手套、防尘口罩、防护眼镜;从事抬、扛物料作业时,应配备垫肩;从事人工挖扩桩孔孔井下作业时,应配备雨鞋、手套和安全绳;从事拆除工程作业时,应配备保护足趾安全鞋、手套。

　　⑦磨石工应配备紧口工作服、绝缘胶靴、绝缘手套和防尘口罩。

　　⑧防水工的劳动防护用品配备应符合下列规定:

　　a. 从事涂刷作业时,应配备防静电工作服、防静电鞋和鞋盖、防护手套、防毒口罩和防护眼镜。

　　b. 从事沥青熔化、运输作业时,应配备防烫工作服、高腰布面胶底防滑鞋和鞋盖、工作帽、耐高温长手套、防毒口罩和防护眼镜。

　　⑨钳工、铆工、通风工的劳动防护用品配备应符合下列规定:

　　a. 使用锉刀、刮刀、錾子、扁铲等工具作业时,应配备紧口工作服和防护眼镜。

　　b. 从事剔凿作业时,应配备手套和防护眼镜;从事搬抬作业时,应配备保护足趾安全鞋和手套。

　　c. 从事石棉、玻璃棉等含尘毒材料作业时,操作人员应配备防异物工作服、防尘口罩、风帽、风镜和薄膜手套。

　　⑩电梯安装工、起重机械安装拆卸工从事安装、拆卸和维修作业时,应配备紧口工作服、保护足趾安全鞋和手套。

　　6)班前安全活动

　　(1)班组应开展班前上岗交底、上岗检查、上岗教育和班后下岗检查,每月开展安全讲评活动。

（2）班组班前活动和检查、讲评活动等应有记录并有考核措施。

7）特种作业持证上岗

（1）施工现场必须按工程实际情况配备特种作业人员，建立特种作业人员花名册。

（2）特种作业人员必须经有关部门培训考试合格后持证上岗，操作证应按规定年限复审，不得超期使用。详见本书4.8节内容。

（3）特种作业人员变换工作单位的，必须有聘用手续，与用人单位签订劳动合同。

8）工伤事故处理

（1）施工现场工伤事故应按《企业职工伤亡事故分类标准》（GB 6441—86）分类。工伤事故经济损失执行《企业职工伤亡事故经济损失统计标准》（GB 6721—86）。

（2）发生伤亡事故必须按规定进行报告，并认真按"四不放过"（事故原因未查清不放过、责任人员未处理不放过、整改措施未落实不放过、有关人员未受到教育不放过）的原则进行调查处理。

2. 文明施工监督要点

项目监理机构监督施工单位文明施工，重点是监督施工单位执行《建筑工程安全防护、文明施工措施费用及使用管理规定》、《建筑施工现场环境与卫生标准》以及《建筑施工安全检查标准》（JGJ 59—99）。当地有具体规定的执行其规定。

1）现场围挡

（1）施工现场必须实行封闭式施工，沿工地四周连续设置围挡。围挡材料要求坚固、稳定、统一、整洁、美观，宜采用硬质材料。如砖块或空心砖或彩钢板等，不得采用彩条布、竹笆等。采用砖块和空心砖作围挡材料的要求压顶，美化墙面。

（2）工地设置围挡的高度不低于1.8 m。

2）封闭管理

（1）施工现场必须实行封闭管理，设置进出口大门，制定门卫制度，严格执行外来人员进场登记制度，门卫值班室应设在进出大门一侧。

（2）门头应有企业的企业名称或企业标识，大门宜采用硬质材料，力求美观、大方并能上锁，不得采用竹笆片等易损、易破材料。

3）施工场地

（1）施工现场应推行硬地坪施工，作业区、生活区主干道地面必须用一定厚度的混凝土硬化，场内其他道路地面也应硬化处理。

（2）施工现场道路应畅通、平坦、整洁，无散落物。

（3）施工现场应设置排水系统，排水畅通，不积水。

（4）严禁泥浆、污水、废水外流或堵塞下水道和排水河道。

（5）施工现场适当地方设置吸烟处，作业区内禁止随意吸烟。

4）材料堆放

（1）建筑材料、构件、料具必须按施工现场总平面布置图堆放，布置合理。

（2）建筑材料、构配件及其他料具等必须做到安全、整齐堆放（存放），不得超高。堆料分门别类，悬挂标牌，标牌应统一制作，标明名称、品种、规格数量等。

（3）建立材料收发管理制度，仓库、工具间材料堆放整齐，易燃易爆物品分类堆放，专人负责，确保安全。

（4）施工现场建立清扫制度，落实到人，做到工完料尽、场地清，车辆进出场应有防泥带出措施。建筑垃圾及时清运，临时存放现场的也应集中堆放整齐、悬挂标牌。不用的施工机具和设备应及时出场。

5）现场住宿

（1）施工现场根据作业需要设置职工宿舍。宿舍应集中统一布置，严禁在厨房、作业区内住人。

（2）施工现场作业区与办公、生活区应明显划分，确因场地狭窄不能划分的，要有可靠的隔离拦护措施。

（3）宿舍内应有保暖、消暑、防煤气中毒、防蚊虫叮咬等措施。

（4）宿舍应确保主体结构安全，设施完好，禁止用钢管、毛竹及竹片等搭设的简易工棚作宿舍。

（5）宿舍建立室长卫生管理制度，且和宿舍人员名单一起上墙。宿舍内宜设置统一床铺和储物柜，室内保持通风、整洁，生活用品整齐堆放，禁止摆放作业工具。

（6）宿舍内严禁使用煤气灶、煤油炉、电饭煲、热得快、电炒锅、电炉等器具。

（7）宿舍周围环境应保持整洁、安全。

6）现场防火

（1）施工现场必须落实消防防火责任制和管理制度，并成立领导小组，配备足够、合适的消防器材及义务消防人员。

（2）施工现场必须有消防平面布置图。

（3）建筑物应配备消防设施，高层建筑应随层做消防水源管道，配备足够灭火器，放置位置正确、固定可靠。

（4）现场应制订动用明火管理制度，动用明火时必须有审批手续和动火监护人员。

（5）易燃易爆物品堆放间、木工间、油漆间等消防防火重点部位要采取必要的消防安全措施，配备专用消防器材，并有专人负责。

7）噪声控制

（1）施工单位应按照《建筑施工场界噪声限值》（GB 12523—90）、《建筑施工场界噪声测量方法》（GB 12524—90）对施工现场的噪声值进行监测和记录，控制噪声。

（2）对因生产工艺要求或其他特殊需要，确需在夜间进行超过噪声标准施工的，施工前建设单位应向有关部门提出申请，经批准后方可进行夜间施工。

（3）夜间运输材料的车辆进入施工现场时严禁鸣笛，装卸材料应做到轻拿轻放。

8）治安综合治理

（1）施工现场建立治安保卫责任制并落实到人，采取措施严防盗窃、斗殴、赌博等事件发生。

（2）施工现场因地制宜，积极设置学习和娱乐场所，丰富职工业余生活，注重精神文明建设。

9）施工现场标牌

（1）施工现场必须设有"五牌一图"，即工程概况牌、管理人员名单及监督电话牌、消防保卫（防火责任）牌、安全生产牌、文明施工牌和施工现场平面图。标牌规格统一、位置合理、字迹端正、线条清晰、表示明确，并固定在现场内主要进出口处，严禁将"五牌一图"挂在外脚手架上。

（2）施工现场应合理悬挂安全生产宣传和警示牌，标牌悬挂牢固可靠，特别是主要施工部位、作业点和危险区域以及主要通道口都必须有针对性地悬挂醒目的安全警示牌。

（3）施工现场应合理地设置宣传栏、读报栏、黑板报，营造安全气氛。

10）生活设施

（1）施工现场应设茶水棚（亭）。现场食堂应有良好的通风和洁卫措施，保持卫生整洁。炊事员持健康证上岗。食堂内应功能分隔，特别是灶前灶后、仓储间、生熟食间应分开。

（2）施工现场应设固定的男、女简易淋浴室和厕所，并要保证结构稳定、牢固和防风雨。厕所实行专人管理、及时清扫，保持整洁，要有灭蚊蝇和防止蚊蝇孳生措施。

（3）建立现场卫生责任制，设卫生保洁员，生活垃圾必须盛放在容器内并做到及时清理。

11）保健急救

（1）施工现场必须备有保健药箱（箱内配备一些工地常用的药品）和急救器材。

（2）施工现场配备的急救人员必须经卫生部门培训，应掌握常用的"人工呼吸"、"固定绑扎"、"止血"等急救措施，并会使用简单的急救器材。

（3）施工现场应经常性地开展卫生防病宣传教育，并做好记录。

3."三宝"、"四口"安全防护监督要点

"三宝"指安全帽、安全带和安全网，"四口"指通道口、预留洞口、楼梯口、电梯井口。"三宝"、"四口"安全防护执行《建筑施工高处作业安全技术规范》（JGJ 80—91）的规定。

1）安全帽

（1）进入施工现场作业区者必须戴好安全帽。施工现场安全帽宜分色佩戴。

（2）应正确使用安全帽，扣好帽带，不准使用缺衬、缺带及破损的安全帽。

（3）安全帽应符合《安全帽》（GB 2811—2007）的规定。

2）安全网

（1）施工现场应使用密目式安全网，架子外侧、楼层临边、井架等处用密目式安全网封闭或拦护。安全网宜放在杆件的里侧。

（2）安全网应符合《安全网》（GB 5725—2009）标准。

（3）安全网必须有产品生产许可证和质量合格证以及建筑安全监督管理部门发放的准用证等。严禁使用无证不合格的产品。

（4）安全网应绷紧、扎牢，拼接严密，不得使用破损的安全网。

3）安全带

（1）施工现场搭架、支模等高处作业均应系安全带。安全带应符合《安全带》（GB 6095—2009）标准，并有合格证书、生产许可证，做好定期检验。

（2）安全带高挂低用，挂在牢固可靠处，不准将绳打结使用。安全带使用后有专人负责，存放在干燥、通风的仓库内。

4）楼梯口、电梯井口防护

（1）楼梯口、边设置 1.2 m 高防护栏杆和 30 cm 高踢脚杆，杆件里侧挂密目式安全网。

（2）电梯井口设置 1.2～1.5 m 高防护栅门，其中底部 18 cm 为踢脚板。

（3）电梯井内自二层楼面起不超过二层（不大于 10 m）拉设一道安全平网。

（4）电梯井口、楼梯口边的防护设施应定型化、工具化，牢固可靠。

5）预留洞口、坑井防护

（1）根据洞口、坑井的形状和大小采取防护措施。防护应符合《建筑施工高处作业安全技术规范》的规定。

（2）洞口、坑井防护设施应定型化、工具化，不得采用竹片式防护。

6）通道口防护

（1）进出建筑物主体通道口、井架或物料提升机进口处、外用升降机进口处等均应搭设防护棚。

（2）砂浆机、拌和机和钢筋加工场地等应搭设操作简易防护棚。

（3）各类防护棚应有单独的支撑体系，固定可靠安全，严禁用毛竹搭设，且不得悬挑在外架上。

（4）底层非进入建筑物通道口的地方应采取禁止出入（通行）措施和设置禁行标志。

7）阳台、楼板、屋面等临边防护

（1）阳台、楼板、屋面等临边应设置 1.2 m 和 0.6 m 两道水平杆，并在立杆里侧用密目式安全网封闭，防护栏杆漆红白相间色。

（2）防护栏杆等设施应与建筑物固定拉结，确保防护设施安全可靠。

5.1.2　监督施工单位按照专项施工方案组织施工

安全专项施工方案未经监理机构审查批准不得实施。监理机构应监督施工单位按照批准的安全专项施工方案组织施工。改变专项施工方案，须重新履行审批手续。

1. 基坑支护、降水施工监督要点

（1）基坑周边严禁超堆荷载。基坑边堆土、料具堆放的数量和距基坑边的距离等应符合有关规定和施工方案的要求。

（2）支撑结构的安装与拆除顺序，应同基坑支护结构的设计计算工况相一致。必须严格遵守先支撑后开挖的原则。

（3）采用土钉墙支护时，应符合以下要求：

①土钉必须和面层有效连接，应设置承压板或加强钢筋等构造措施，承压板或加强钢筋应与土钉螺栓连接或钢筋焊接连接。

②土钉墙墙顶应采用砂浆或混凝土护面，坡顶和坡脚应设排水措施，坡面上可根据具体情况设置泄水孔。

③上层土钉注浆体及喷射混凝土面层达到设计强度的 70% 后，方可开挖下层土方及进行下层土钉施工。

④基坑开挖和土钉墙施工应按设计要求自上而下分段分层进行。在机械开挖后,应辅以人工修整坡面,坡面平整度的允许偏差宜为 ± 20 mm,在坡面喷射混凝土支护前,应清除坡面虚土。

(4)支护结构施工及使用的原材料及半成品应遵照有关施工验收标准进行检验。

(5)对基坑侧壁安全等级为一级或对构件质量有怀疑、安全等级为二级和三级的支护结构应进行质量检测。

(6)检测工作结束后应提交包括下列内容的质量检测报告:

①检测点分布图;

②检测方法与仪器设备型号;

③资料整理及分析方法;

④结论及处理意见。

(7)基坑边界周围地面应设排水沟,且应避免漏水、渗水进入坑内;放坡开挖时,应对坡顶、坡面、坡脚采取降排水措施。

(8)地下结构工程施工过程中应及时进行夯实回填土施工。

(9)位移观测基准点数量不少于两点,且应设在影响范围以外。

(10)监测项目在基坑开挖前应测得初始值,且不应少于两次。

(11)支撑拆除前应在主体结构与支护结构之间设置可靠的换撑传力构件或回填夯实。

(12)当地下水位高于基坑底面时,应采取降水或截水措施。

(13)当基坑底为隔水层且层底作用有承压水时,应进行坑底突涌验算,必要时可采取水平封底隔渗或钻孔减压措施保证坑底上层稳定。

(14)采用水泵降水时应置于设计深度,水泵吸水口应始终保持在动水位以下。成井后应进行单井试抽检查降水效果,必要时应调整降水方案。降水过程中,应定期取样测试含砂量,保证含砂量不大于 0.5‰。

(15)建筑基础采用桩基时,如渗水量过大,应采取场地截水、降水或水下灌注混凝土等有效措施。严禁在桩孔中边抽水边开挖边灌注,包括相邻桩的灌注。

(16)基坑开挖结束后,应在基坑底做出排水盲沟及集水井,如有降水设施仍应维持运转。

(17)张拉预应力锚杆前应对设备全面检查并固定牢靠,张拉时孔口前方严禁站人。

(18)锚喷作业区的粉尘浓度不应大于 10 mg/m³。

(19)喷射混凝土作业人员应采用个体防尘用具。

(20)深基坑施工采用坑外降水的,必须有防止临近建筑物危险沉降的措施。

2. 土方开挖及边坡防护施工监督要点

(1)开挖土方的机械设备应有出厂合格证书。必须按照出厂使用说明书规定的技术性能、承载能力和使用条件等要求,正确操作,合理使用,严禁超载作业或任意扩大使用范围。

(2)新购、经过大修或技术改造的机械设备,应按有关规定要求进行测试和试运转。

(3)机械设备应定期进行维修保养,严禁带故障作业。

（4）作业时操作人员不得擅自离开岗位或将机械设备交给其他无证人员操作，严禁疲劳和酒后作业。严禁无关人员进入作业区和操作室。机械设备连续作业时，应遵守交接班制度。

（5）配合机械设备作业的人员，应在机械设备的回转半径以外工作；当在回转半径内作业时，必须有专人协调指挥。

（6）遇到下列情况之一时应立即停止作业，排除隐患后方可恢复施工：

①开挖区土体不稳定、有坍塌可能；

②遇异常软弱土层、流砂（土）、管涌，地面涌水冒浆，出现陷车或因下雨发生坡道打滑；

③发生大雨、雷电、浓雾、水位暴涨及山洪暴发等情况；

④施工标志及防护设施被损坏；

⑤工作面净空不足以保证安全作业；

⑥出现其他不能保证作业和运行安全的情况。

（7）机械设备运行时，严禁接触转动部位和进行检修。

（8）夜间工作时，现场必须有足够照明；机械设备照明装置应完好无损。

（9）冬、雨季施工时，应及时清除场地和道路上的冰雪、积水，并应采取有效的防滑措施。

（10）土方施工区域应在行车行人可能经过的路线点处设置明显的警示标志。有爆破、塌方、滑坡、深坑、高空滚石、沉陷等危险的区域应设置防护栏栅或隔离带。

（11）土方爆破工程应由具有相应爆破资质和安全生产许可证的企业承担。爆破作业人员应取得有关部门颁发的资格证书，做到持证上岗。爆破工程作业现场应由具有相应资格的技术人员负责指导施工。

（12）爆破作业环境有下列情况时，严禁进行爆破作业：

①爆破可能产生不稳定边坡、滑坡、崩塌的危险；

②爆破可能危及建（构）筑物、公共设施或人员的安全；

③恶劣天气条件下。

（13）爆破安全防护措施、盲炮处理及爆破安全允许距离应按现行国家标准《爆破安全规程》的相关规定执行。

（14）开挖深度超过 2 m 的基坑周边必须安装防护栏杆。防护栏杆应符合下列规定：

①防护栏杆高度不应低于 1.2 m。

②防护栏杆应由横杆及立杆组成；横杆应设 2～3 道，下杆离地高度宜为 0.3～0.6 m，上杆离地高度宜为 1.2～1.5 m；立杆间距不宜大于 2.0 m，立杆离坡边距离宜大于 0.5 m。

③防护栏杆宜加挂密目安全网和挡脚板；安全网应自上而下封闭设置；挡脚板高度不应小于 180 mm，挡脚板下沿离地高度不应大于 10 mm。

④防护栏杆应安装牢固，材料应有足够的强度。

（15）基坑支护结构必须在达到设计要求的强度后，方可开挖下层土方，严禁提前开挖和超挖。施工过程中，严禁设备或重物碰撞支撑、腰梁、锚杆等基坑支护结构，不得扰动基底原状土,亦不得在支护结构上放置或悬挂重物。

(16)采用井点降水时,井口应设置防护盖板或围栏,设置明显的警示标志。降水完成后,应及时将井填实。

(17)深基坑开挖过程中必须进行基坑变形监测,发现异常情况应及时采取措施。监测点的布置应满足监控要求,基坑边缘以外 1～2 倍开挖深度范围内需要保护物体均应作为监控对象。

(18)土方开挖过程中,应定期对基坑及周边环境进行巡视,随时检查基坑位移(土体裂缝)、倾斜、土体及周边道路沉陷或隆起、地下水涌出、管线开裂、不明气体冒出和基坑防护栏杆的安全性等。

(19)当基坑开挖过程中出现位移超过预警值、地表裂缝或沉陷等情况时,施工单位应及时报告有关方面。出现塌方险情等征兆时,应立即停止作业,组织撤离危险区城,并立即通知有关方面进行研究处理。

(20)拆除支撑时应按基坑(槽)回填顺序自下而上逐层拆除,随拆随填,防止边坡塌方或相邻建(构)筑物产生破坏,必要时应采取加固措施。

(21)基坑(槽)、边坡和基础桩孔边堆置各类建筑材料的,应按规定距离堆置。各类施工机械距基坑(槽)、边坡和基础桩孔边的距离,应根据设备重量,基坑(槽)、边坡和基础桩的支护,土质情况确定,并不得小于 15 m。

(22)基坑边界周围地面应设排水沟,且应避免漏水、渗水进入坑内;放坡开挖时,应对坡顶、坡面、坡脚采取降排水措施。

(23)软土基坑必须分层均衡开挖,层高不宜超过 1 m;对流塑状软土的基坑开挖,高差不应超过 1 m。

(24)在机械开挖后,应辅以人工修整坡面,在坡面喷射混凝土支护前,应清除坡面虚土。

(25)当基坑开挖深度范围或基坑底土层为砂土时,应按抗渗透条件验算土层稳定性。

(26)基坑开挖结束后,应在基坑底做出排水盲沟及集水井,如有降水设施仍应维持运转。

(27)当桩顶设计标高与施工场地标高相近时,基桩的验收应待基桩施工完毕后进行;当桩顶设计标高低于施工场地标高时,应待开挖到设计标高后进行验收。

(28)在边坡的施工期,不得随意开挖坡脚,防止坡顶超载。

(29)施工时应做好排水系统,避免水软化地基的不利影响。

(30)对土方开挖后不稳定或欠稳定的边坡,应根据边坡的地质特征和可能发生的破坏等情况,采取自上而下、分段跳槽、及时支护的逆做法或部分逆做法施工。严禁无序大开挖、大爆破作业。

3. 模板工程及支撑体系施工监督要点

1)模板工程安全施工的基本要求

(1)安装和拆除模板时,操作人员应佩戴安全帽、系安全带、穿防滑鞋。

(2)模板及配件进场应有出厂合格证或当年的检验报告,安装前应对所用部件(立柱、楞梁、吊环、扣件等)进行认真检查,不符合要求者不得使用。

（3）满堂模板、建筑层高 8 m 及以上和梁跨大于或等于 15 m 的模板,在安装、拆除作业前,工程技术人员应以书面形式向作业班组进行施工操作的安全技术交底,作业班组应对照书面交底进行上、下班的自检和互检。

（4）施工过程中应经常对下列项目进行检查:

①立柱底部基土回填夯实的状况。

②垫木应满足设计要求。

③底座位置应正确,顶托螺杆伸出长度应符合规定。

④立杆的规格尺寸和垂直度应符合要求,不得出现偏心荷载。

⑤扫地杆、水平拉杆、剪刀撑等的设置应符合规定,固定应可靠。

⑥安全网和各种安全设施应符合要求。

（5）在高处安装和拆除模板时,周围应设安全网或搭脚手架,并应加设防护栏杆。在临街面及交通要道地区,尚应设警示牌,派专人看管。

（6）作业时,模板和配件不得随意堆放,模板应放平放稳,严防滑落,连接件应放在箱盒或工具袋中,不得散放在脚手板上。脚手架或操作平台上的施工总荷载不得超过其设计值。

（7）对负荷面积大和高 4 m 以上的支架立柱采用扣件式钢管、门式和碗扣式钢管脚手架时,除应有合格证外,对所用扣件应用扭矩扳手进行抽检,达到合格后方可承力使用。

（8）多人共同操作或扛抬组合钢模板时,必须密切配合、协调一致、互相呼应。

（9）施工用的临时照明和行灯的电压不得超过 36 V;若为满堂模板、钢支架及在特别潮湿的环境下,不得超过 12 V。照明行灯及机电设备的移动线路应采用绝缘橡胶套电缆线。

（10）避雷、防触电和架空输电线路的安全距离应遵守国家现行标准《施工现场临时用电安全技术规范》的有关规定。施工用的临时照明和动力线应用绝缘线和绝缘电缆线,且不得直接固定在钢模板上。夜间施工时,应有足够的照明,并应制定夜间施工的安全措施。施工用临时照明和机电设备线严禁非电工乱拉乱接。同时,还应经常检查线路的完好情况,严防绝缘破损漏电伤人。

（11）模板安装时,上下应有人接应,随装随运,严禁抛掷。且不得将模板支搭在门窗框上,也不得将脚手板支搭在模板上,并严禁将模板与上料井架及有车辆运行的脚手架或操作平台支成一体。

（12）支模过程中如遇中途停歇,应将已就位模板或支架连接稳固,不得浮搁或悬空。拆模中途停歇时,应将已松扣或已拆松的模板、支架等拆下运走,防止构件坠落或作业人员扶空坠落伤人。

（13）严禁人员攀登模板、斜撑杆、拉条或绳索等,也不得在高处的墙顶、独立梁或在其模板上行走。

（14）模板施工中应设专人负责安全检查,发现问题应报告有关人员处理。当遇险情时,应立即停工和采取应急措施;待修复或排除险情后,方可继续施工。

（15）当钢模板高度超过 15 m 时,应安设避雷设施,避雷设施的接地电阻不得大于 4 Ω。

(16)若遇恶劣天气，如大雨、大雾、沙尘、大雪及六级以上大风，应停止露天高处作业。五级及以上风力时，应停止高空吊运作业。雨雪停止后，应及时清除模板和地面上的冰雪及积水。

(17)模板安装前必须做好下列安全技术准备工作：

①模板安装施工人员应审查模板结构设计与施工说明书中的荷载、计算方法、节点构造和安全措施，设计审批手续应齐全。

②应进行全面的安全技术交底，操作班组应熟悉设计与施工说明书，并应做好模板安装作业的分工准备。采用爬模、飞模、隧道模等特殊模板施工时，所有参加作业人员必须经过专门技术培训，考核合格后方可上岗。

③应对模板和配件进行挑选、检测，不合格者应剔除，并应运至工地指定地点堆放。

④备齐操作所需的一切安全防护设施和器具。

(18)模板构造和安装应符合下列规定：

①模板安装应按设计与施工说明书顺序拼装。木杆、钢管、门架及碗扣式等支架立柱不得混用。

②竖向模板和支架立柱支承部分安装在基土上时，应加设垫板，垫板应有足够强度和支承面积，且应中心承载。基土应坚实，并应有排水措施，对湿陷性黄土应有防水措施，对冻胀性土应有防冻融措施。

③当满堂模板或共享空间模板支架立柱高度超过 8 m 时，若地基土达不到承载要求，无法防止立柱下沉，则应先施工地面下的工程，再分层回填夯实基土，浇筑地面混凝土垫层，达到强度后方可支模。

④模板及其支架在安装过程中，必须设置有效防倾覆的临时固定设施。

⑤现浇多层或高层房屋和构筑物，安装上层模板及其支架应符合下列规定：

a.下层楼板应具有承受上层施工荷载的承载能力，否则应加设支撑支架；

b.上层支架立柱应对准下层支架立柱，并应在立柱底铺设垫板；

c.当采用悬臂吊模板、桁架支模方法时，其支撑结构的承载能力和刚度必须符合设计构造要求。

⑥当层间高度大于 5 m 时，应选用桁架支模或钢管立柱支模。

(19)拼装高度为 2 m 以上的竖向模板时，不得站在下层模板上拼装上层模板。安装过程中应设置临时固定设施。

(20)当承重焊接钢筋骨架和模板一起安装时，应符合下列规定：

①梁的侧模、底模必须固定在承重焊接钢筋骨架的节点上。

②安装钢筋模板组合体时，吊索应按模板设计的吊点位置绑扎。

(21)当支架立柱成一定角度倾斜，或其支架立柱的顶表面倾斜时，应采取可靠措施确保支点稳定，支撑底脚必须有防滑移的可靠措施。

(22)施工时，在已安装好的模板上的实际荷载不得超过设计值。已承受荷载的支架和附件，不得随意拆除或移动。

(23)当模板安装高度超过 3.0 m 时，必须搭设脚手架，除操作人员外，脚手架下不得站其他人。

（24）吊运模板时，必须符合下列规定：

①作业前应检查绳索、卡具、模板上的吊环，必须完整有效。

②吊运大块或整体模板时，竖向吊运不应少于两个吊点，水平吊运不应少于四个吊点。吊运必须使用卡环连接，并应稳起稳落，待模板就位连接牢固后，方可摘除卡环。

③吊运散装模板时，必须码放整齐，待捆绑牢固后方可起吊。

④严禁起重机在架空输电线路下面工作。

⑤五级风及其以上应停止一切吊运作业。

（25）木料应堆放于下风向，离火源不得小于 30 m，且料场四周应设置灭火器材。

（26）模板作业时，施工单位应指定专人指挥、监护，出现位移、开裂及渗漏时，应立即停止施工，将作业人员撤离作业现场，待险情排除后，方可作业。

2）滑动模板施工监督要点

（1）支承杆的直径、规格应与所使用的千斤顶相适应，第一批插入千斤顶的支承杆，其长度不得少于 4 种，两相邻接头高差不应小于 1 m，同一高度上支承杆接头的数量不应大于总量的 1/4。

当采用铜管支承杆且设置在混凝土体外时，对支承杆的调直、接长、加固应作专项设计，确保支撑体系的稳定。

（2）用于滑模施工的混凝土，应事先做好混凝土配比的试配工作，其性能除应满足设计所规定的强度、抗渗性、耐久性以及季节性施工等要求外，混凝土早期强度的增长速度，必须满足模板滑升速度的要求。

（3）模板滑空时，应事先验算支承杆在操作平台自重、施工荷载、风荷载等共同作用下的稳定性，稳定性不满足要求时，应对支承杆采取可靠的加固措施。

（4）混凝土出模强度应控制在 0.2 ~ 0.4 MPa 或混凝土贯入阻力值在 0.30 ~ 1.05 kN/cm；采用滑框倒模施工的混凝土出模强度不得小于 0.2 MPa。

（5）混凝土出模强度的检查，应在滑模平台现场进行测定，每一工作班应不少于一次；当在一个工作班上气温骤变或混凝土配合比有变动时，必须相应增加检查次数。

3）大模板施工监督要点

（1）浇筑混凝土前必须对大模板的安装进行专项检查，并作检验记录。

（2）浇筑混凝土时应设专人监控大模板的使用情况，发现问题及时处理。

（3）大模板组装或拆除时，应设专人指挥，指挥拆除和挂钩人员必须站在安全可靠的地方方可操作，严禁人员随大模板起吊。

（4）作业前应检查吊装用绳索、卡具及每块模板上的吊环是否完整有效。

模板起吊前，应将吊车的位置调整适当，做到稳起稳落，就位准确，禁止用人力搬动模板。严防模板大幅度摆动或碰倒其他模板。

（5）平模存放时应满足地区条件要求的自稳角。两块大模板应采用板面对板面的存放方法。长期存放模板，要将模板联结成整体。

大模板存放在施工楼层上，必须有可靠的安全措施，不得沿外墙周边放置，要垂直于外墙存放。

没有支撑或自稳角不足的大模板要存放在专用的堆放架上，或者平卧堆放。不得靠在其他模板或构件上,严防下脚滑移倾倒。

(6)大模板的安装应符合下列规定:

①大模板安装应符合模板配板设计要求。

②模板安装时应按模板编号顺序遵循先内侧、后外侧,先横墙、后纵墙的原则安装就位。

③大模板安装时根部和顶部要有固定措施。

④大模板支撑必须牢固、稳定,支撑点应设在坚固可靠处,不得与脚手架拉接。

⑤组装平模时,应及时用卡具或花篮螺丝将相邻模板联结好,防止倾倒。

⑥安装外模板的操作人员必须挂好安全带。

⑦全现浇结构安装外模板时,必须待悬挑扁担固定,位置调整准确方可摘钩。外模安装后,要立即穿好销杆紧固螺栓。

(7)大模板的拆除应符合下列规定:

①大模板拆除时,混凝土结构强度应达到设计要求。

②拆除有支撑架的大模板时,应先拆除模板与混凝土结构之间的对拉螺栓及其他连接件,松动地脚螺栓,使模板后倾与墙体脱离开;拆除无固定支撑架的大模板时,应对模板采取临时固定措施。

③任何情况下,严禁操作人员站在模板上口采用晃动、撬动或用大锤砸模板的方法拆除模板。

④拆除的对拉螺栓、连接件及拆模用工具必须妥善保管和放置,不得随意散放在操作平台上,以免吊装时坠落伤人。

⑤起吊大模板前应先检查模板与混凝土结构之间所有对拉螺栓、连接件是否全部拆除,必须在确认模板和混凝土结构之间无任何连接后方可起吊大模板,移动模板时不得碰撞墙体。

⑥在大模板拆装区域周围,应设置围栏并挂明显的标志牌,禁止非作业人员入内。

⑦拆模起吊在确无遗漏且模板与墙体完全脱离后方准进行。拆除外墙模板时,应先挂好吊钩,绷紧吊索,再行拆除销杆和扁担。吊钩应垂直于模板,不得斜吊,以防碰撞相邻模板和墙体。摘钩时手不离钩,待吊钩吊起超过头部后方可松手,超过障碍物以上的允许高度才能行车或转臂。

(8)结构施工中必须支搭安全网和防护网。防护网要随墙逐层上升,并高出作业面以上。安全网可固定在二层搭设,但必须挑出6 m,也可在二层、五层各设一道,挑出不小于3 m。安全网和防护网要支搭牢固,拼接严密,连成整体,网孔张开,并经常清除网内杂物。

大模板必须有操作平台、上下梯道、走桥和防护栏杆等附属设施。如有损坏,应及时修理。

(9)大模板和预制构件的存放场地必须平整夯实,不得存放在松土和凸凹不平的地方。雨季施工堆放场地不得积水。在雨天或冻土融化期,存放模板应在支点处垫木板或方木,防止地面深陷、模板倾倒,堆放模板处严禁坐人或逗留。

大模板、墙板、楼板等预制构件,应按施工总平面图分区堆放。各区之间要保持一定距离,防止吊运时撞击倾倒。

外墙板应放置在专用的插放架上,严禁依靠其他物体存放墙板。插放架的底脚必须用脚手杆或方木连接,两端部设斜撑支稳,其高度应大于构件高度的四分之三以上。插放架上面应搭设宽度不小于 0.5 m 的走道和上下梯道,以利操作。

(10)吊装大模板必须采用带卡环吊钩。当风力为五级时,仅允许吊装 1~3 层楼板、模板。风力超过五级应停止吊装楼板、模板等。

4)模板施工高处作业监督要点

(1)悬空安装大模板时,必须站在平台上操作。吊装中的大模板上,严禁站人和行走。

(2)模板支撑和拆卸时的悬空作业,必须遵守下列规定:

①支模应按规定的作业程序进行,模板未固定前不得进行下一道工序。严禁在连接件和支撑件上攀登上下,并严禁在上下同一垂直面上装、拆模板。

②支设悬挑形式的模板时,应有稳固的立足点。支设临空构筑物模板时,应搭设支架或脚手架。模板上有预留洞时,应在安装后将洞盖没。混凝土板上拆模后形成的临边洞口,应进行防护。

拆模高处作业,应配置登高用具或搭设支架。

(3)浇筑离地 2 m 以上框架、过梁、雨篷和小平台时,应设操作平台,不得直接站在模板上操作。

(4)钢模板部件拆除后,临时堆放处离楼层边沿不应小于 1 m,堆放高度不得超过 1 m。楼层边口、通道口、脚手架边缘等处,严禁堆放任何拆下物件。

(5)不得将模板支架固定在脚手架上。

5)高大模板支撑系统施工监督要点

(1)高大模板支撑系统搭设前,应由项目技术负责人组织对需要处理或加固的地基、基础进行验收,并留存记录。

(2)高大模板支撑系统的结构材料应按要求进行验收、抽检和检测,并留存记录、资料。

(3)高大模板支撑系统搭设、拆除及混凝土浇筑过程中,应有专业技术人员进行现场指导,设专人负责安全检查,发现险情,立即停止施工并采取应急措施,排除险情后,方可继续施工。

(4)高大模板支撑系统搭设前,项目工程技术负责人或方案编制人员应当根据专项施工方案和有关规范、标准的要求,对现场管理人员、操作班组、作业人员进行安全技术交底,并履行签字手续。

安全技术交底应包括模板支撑工程工艺、工序、作业要点和搭设安全技术要求等内容,并保留记录。

(5)作业人员应严格按规范、专项施工方案和安全技术交底书的要求进行操作,并正确佩戴相应的劳动防护用品。

(6)高大模板支撑系统的地基承载力、沉降等应能满足方案设计要求。如遇松软土、回填土,应根据设计要求进行平整、夯实,并采取防水、排水措施,按规定在模板支撑立柱底部采用具有足够强度和刚度的垫板。

（7）对于高大模板支撑体系，其高度与宽度相比大于两倍的独立支撑系统，应加设保证整体稳定的构造措施。

（8）高大模板工程搭设的构造要求应当符合相关技术规范要求，支撑系统立柱接长严禁搭接；应设置扫地杆、纵横向支撑及水平垂直剪刀撑，并与主体结构的墙、柱牢固拉接。

（9）搭设高度2 m以上的支撑架体应设置作业人员登高措施。作业面应按有关规定设置安全防护设施。

（10）模板支撑系统应为独立的系统，禁止与物料提升机、施工升降机、塔吊等起重设备钢结构架体机身及其附着设施相连接；禁止与施工脚手架、物料周转料平台等架体相连接。

（11）模板、钢筋及其他材料等施工荷载应均匀堆置，放平放稳。施工总荷载不得超过模板支撑系统设计荷载要求。

（12）模板支撑系统在使用过程中，立柱底部不得松动悬空，不得任意拆除任何杆件，不得松动扣件，也不得用做缆风绳的拉接。

（13）施工过程中检查项目应符合下列要求：

①立柱底部基础应回填夯实；

②垫木应满足设计要求；

③底座位置应正确，顶托螺杆伸出长度应符合规定；

④立柱的规格尺寸和垂直度应符合要求，不得出现偏心荷载；

⑤扫地杆、水平拉杆、剪刀撑等设置应符合规定，固定可靠；

⑥安全网和各种安全防护设施符合要求。

（14）框架结构中，柱和梁板的混凝土浇筑顺序，应按先浇筑柱混凝土，后浇筑梁板混凝土的顺序进行。浇筑过程应符合专项施工方案要求，并确保支撑系统受力均匀，避免引起高大模板支撑系统的失稳倾斜。

（15）浇筑过程中应有专人对高大模板支撑系统进行观测，发现有松动、变形等情况，必须立即停止浇筑，撤离作业人员，并采取相应的加固措施。

（16）高大模板支撑系统拆除前，项目技术负责人、项目总监理工程师应核查混凝土同条件试块强度报告，浇筑混凝土达到拆模强度后方可拆除，并履行拆模审批签字手续。

（17）高大模板支撑系统的拆除作业必须自上而下逐层进行，严禁上下层同时拆除作业，分段拆除的高度不应大于两层。设有附墙连接的模板支撑系统，附墙连接必须随支撑架体逐层拆除，严禁先将附墙连接全部或数层拆除后再拆支撑架体。

（18）高大模板支撑系统拆除时，严禁将拆卸的杆件向地面抛掷，应有专人传递至地面。

（19）高大模板支撑系统应在搭设完成后，由项目负责人组织验收，验收人员应包括施工单位和项目两级技术人员，项目安全、质量、施工人员，监理单位的总监理工程师和专业监理工程师。验收合格，经施工单位项目技术负责人及项目总监理工程师签字后，方可进入后续工序的施工。

6)液压滑动模板施工监督要点

(1)当采用新技术、新工艺、新材料及非标准设备等时,应制定相应的安全技术措施。

(2)滑模施工中必须配备具有安全技术知识、熟悉《液压滑动模板施工安全技术规程》和《滑动模板工程技术规范》的专职安全检查员。

(3)对参加滑模工程施工的人员,必须进行技术培训和安全教育,使其了解本工程滑模施工特点、熟悉《液压滑动模板施工安全技术规程》的有关条文和本岗位的安全技术操作规程,并通过考核合格后方能上岗工作。主要施工人员应相对固定。

(4)滑模施工中应经常与当地气象台、站取得联系,遇到雷雨、六级和六级以上大风时,必须停止施工。停工前做好停滑措施,操作平台上人员撤离前,应对设备、工具、零散材料、可移动的铺板等进行整理、固定并作好防护,全部人员撤离后立即切断通向操作平台的供电电源。

(5)滑模操作平台上的施工人员应定期体检,经医生诊断凡患有高血压、心脏病、贫血、癫痫病及其他不适应高空作业疾病的,不得上操作平台工作。

(6)滑模施工现场必须具备场地平整、道路通畅、通电、通水的条件,现场布置应按施工组织设计总平面图进行。

(7)正在施工的建(构)筑物周围必须划出施工危险警戒区。警戒线至建(构)筑物的距离不应小于施工对象高度的1/10,且不小于10 m。当不能满足要求时,应采取有效的安全防护措施。

(8)危险警戒线应设置围栏和明显的警戒标志,出入口应设专人警卫并制定警卫制度。

(9)制作滑模操作平台的材料应有合格证,其品种、规格等应符合设计要求。材料的代用,必须经主管设计人员同意。

(10)操作平台及吊脚手架上的铺板必须严密平整、防滑、固定可靠,并不得随意挪动。操作平台的孔洞(如上、下层操作平台的通道孔、梁模滑空部位等)应设盖板封严。

(11)操作平台(包括内外吊脚手架)边缘应设钢制防护栏杆,其高度不小于120 cm,横挡间距不大于35 cm,底部设高度大于18 cm的挡板。在防护栏杆外侧应满挂铁丝网或安全网封闭,并应与防护栏杆绑扎牢固。

内部吊脚手架操作面一侧的栏杆与操作面的距离不大于10 cm。

(12)滑模施工现场的场地和操作平台上应分别设置配电装置,附着在操作平台上的垂直运输设备应有上下两套紧急断电装置。总开关和集中控制开关必须有明显的标志。

(13)雷雨时,所有露天高空作业人员应下至地面,人体不得接触防雷装置。

(14)因气候、季节等原因停工后,在下次开工前和雷雨季节到来之前,都应对防雷装置进行全面检查,检查合格后方准继续施工。在施工期间,应经常对防雷装置进行检查,发现问题应及时维修,并向有关负责人报告。

(15)工程开始滑升前,应进行全面的技术安全检查,并应符合下列要求:

①操作平台系统、模板系统及其连接符合设计要求;

②液压系统经试验合格;

③垂直运输机械设备系统及其安全保护装置试车合格;

④动力及照明用电线路的检查与设备保护接地装置检验合格；

⑤通信联络与信号装置试用合格；

⑥安全防护设施符合施工安全技术的要求；

⑦防火、避雷、防冻等设施的配备符合施工组织设计的要求；

⑧完成职工上岗前的安全教育及有关人员的考核工作；

⑨各项管理制度健全。

(16)每作业班应设专人负责检查混凝土的出模强度，混凝土出模强度应不低于 0.2 MPa(2 kgf/cm²)。当出模混凝土发生流淌或局部坍落现象时，应立即停滑处理。

(17)每作业班的施工指挥人员应严格按施工组织设计的要求控制滑升速度，严禁随意超速滑升。

(18)滑模装置拆除前应检查各支承点埋设件牢固情况，以及作业人员上下走道是否安全可靠。

(19)拆除作业必须在白天进行。拆除的部件及操作平台上的一切物品，均不得从高空抛下。

(20)当遇到雷雨、雾、雪或风力达到五级或五级以上的天气时，不得进行滑模装置的拆除作业。

7)组合钢模板施工监督要点

(1)在组合钢模板上架设的电线和使用的电动工具，应采用 36 V 的低压电源或采取其他有效的安全措施。

(2)钢模板用于高耸建筑施工时，应有防雷击措施。

(3)高空作业人员严禁攀登组合钢模板上下。

(4)组合钢模板装拆时，上下应有人接应，钢模板应随装拆随转运，不得堆放在脚手板上，严禁抛掷踩撞，若中途停歇，必须把活动部件固定牢靠。

(5)装拆模板，必须有稳固的登高工具或脚手架，高度超过 3.5 m 时，必须搭设脚手架。装拆过程中，除操作人员外，下面不得站人，高处作业时，操作人员应挂上安全带。

(6)模板的预留孔洞、电梯井口等处，应加盖或设置防护栏，必要时应在洞口处设置安全网。

(7)安装预组装成片模板时，应边就位，边校正和安设连接件，并加设临时支撑稳固。

(8)预组装模板装拆时，垂直吊运应采取两个以上的吊点，水平吊运应采取四个吊点，吊点应合理布置并作受力计算。

(9)拆除承重模板时，为避免突然整块坍落，必要时应先设立临时支撑，然后进行拆卸。

4.起重吊装及安装拆卸施工监督要点

1)起重吊装安装拆卸安全施工基本要求

(1)吊装等危险作业，应当安排专门人员进行现场安全管理，确保操作规程的遵守和安全措施的落实。

(2)列入《特种设备目录》的起重机械应符合《特种设备安全监察条例》的规定。

①出厂时应当附有安全技术规范要求的设计文件、产品质量合格证明、安装及使用维

修说明、监督检验证明等文件。

②在起重机械安装验收合格之日起 30 日内,施工单位应当向直辖市或者设区的市的特种设备安全监督管理部门登记。登记标志应当置于或者附着于该起重机械的显著位置。

③施工单位应当建立特种设备安全技术档案。

④施工单位应当对在用特种设备进行经常性日常维护保养,并定期自行检查。

施工单位对在用起重机械应当至少每月进行一次自行检查,并作好记录。施工单位在对在用特种设备进行自行检查和日常维护保养时发现异常情况的,应当及时处理。

施工单位应当对在用起重机械的安全附件、测量调控装置及有关附属仪器仪表进行定期校验、检修,并作出记录。

⑤施工单位应当按照安全技术规范的定期检验要求,在安全检验合格有效期届满前 1 个月向特种设备检验检测机构提出定期检验要求。

未经定期检验或者检验不合格的特种设备,不得继续使用。

⑥起重机械出现故障或者发生异常情况时,施工单位应当对其进行全面检查,消除事故隐患后,方可重新投入使用。

起重机械不符合能效指标的,施工单位应当采取相应措施进行整改。

⑦起重机械的作业人员应当按照《建筑施工特种作业人员管理规定》的规定,取得统一格式的特种作业操作资格证书,方可从事相应的作业。

(3)施工单位和安装单位应当在签订的建筑起重机械安装、拆卸合同中明确双方的安全生产责任。

实行施工总承包的,施工总承包单位应当与安装单位签订建筑起重机械安装、拆卸工程安全协议书。

(4)安装单位应当履行下列安全职责:

①按照安全技术标准及安装使用说明书等检查建筑起重机械及现场施工条件。

②组织安全施工技术交底并签字确认。

③将建筑起重机械安装、拆卸人员名单,安装、拆卸时间等材料报施工总承包单位和监理机构审核后,告知工程所在地县级以上地方人民政府建设主管部门。

④在安装、拆卸施工中,安装单位的专业技术人员、专职安全生产管理人员应当进行现场监督,技术负责人应当定期巡查。

⑤建筑起重机械安装完毕后,安装单位应当按照安全技术标准及安装使用说明书的有关要求对建筑起重机械进行自检、调试和试运转。自检合格的,应当出具自检合格证明,并向施工单位进行安全使用说明。

(5)安装单位应当建立建筑起重机械安装、拆卸工程档案。

建筑起重机械安装、拆卸工程档案应当包括以下资料:

①安装、拆卸合同及安全协议书;

②安装、拆卸工程专项施工方案;

③安全施工技术交底的有关资料;

④安装工程验收资料;

⑤安装、拆卸工程生产安全事故应急救援预案。

（6）建筑起重机械安装完毕后,施工总承包单位应当组织出租、安装、使用、监理等有关单位进行验收,或者委托具有相应资质的检验检测机构进行验收。建筑起重机械经验收合格后方可投入使用,未经验收或者验收不合格的不得使用。

实行施工总承包的,由施工总承包单位组织验收。

建筑起重机械在验收前应当经有相应资质的检验检测机构监督检验合格。

（7）使用单位应当履行下列安全职责:

①根据不同施工阶段、周围环境以及季节、气候的变化,对建筑起重机械采取相应的安全防护措施;

②制定建筑起重机械生产安全事故应急救援预案;

③在建筑起重机械活动范围内设置明显的安全警示标志,对集中作业区做好安全防护;

④设置相应的设备管理机构或者配备专职的设备管理人员;

⑤指定专职设备管理人员、专职安全生产管理人员进行现场监督检查;

⑥建筑起重机械出现故障或者发生异常情况的,立即停止使用,消除故障和事故隐患后,方可重新投入使用。

（8）施工单位应当对在用的建筑起重机械及其安全保护装置、吊具、索具等进行经常性和定期的检查、维护和保养,并作好记录。

（9）建筑起重机械在使用过程中需要附着的,施工单位应当委托原安装单位或者具有相应资质的安装单位按照专项施工方案实施,并按照上述规定组织验收。验收合格后方可投入使用。

建筑起重机械在使用过程中需要顶升的,施工单位委托原安装单位或者具有相应资质的安装单位按照专项施工方案实施后,即可投入使用。

禁止擅自在建筑起重机械上安装非原制造厂制造的标准节和附着装置。

（10）施工总承包单位应当履行下列安全职责:

①向安装单位提供拟安装设备位置的基础施工资料,确保建筑起重机械进场安装、拆卸所需的施工条件;

②审核建筑起重机械的特种设备制造许可证、产品合格证、制造监督检验证明、备案证明等文件;

③审核安装单位、使用单位的资质证书、安全生产许可证和特种作业人员的特种作业操作资格证书;

④审核安装单位制定的建筑起重机械安装、拆卸工程专项施工方案和生产安全事故应急救援预案;

⑤审核专业承包或分包单位制定的建筑起重机械生产安全事故应急救援预案;

⑥指定专职安全生产管理人员监督检查建筑起重机械安装、拆卸、使用情况;

⑦施工现场有多台塔式起重机作业时,应当组织制定并实施防止塔式起重机相互碰撞的安全措施。

（11）起重机械安装拆卸工、起重信号工、起重司机、司索工等特种作业人员应当经建设主管部门考核合格,并取得特种作业操作资格证书后,方可上岗作业。

(12)起重机械安装前,所有者应当在本单位工商注册所在地县级以上地方人民政府建设主管部门完成备案。

(13)安装、拆卸操作人员和配合作业人员必须按规定穿戴劳动保护用品,长发应束紧不得外露,高处作业时必须系安全带。

(14)起重机械必须按照出厂使用说明书规定的技术性能、承载能力和使用条件,正确操作,合理使用,严禁超载作业或任意扩大使用范围。

(15)起重机械上的各种安全防护装置及监测、指示、仪表、报警等自动报警、信号装置应完好齐全,有缺损时应及时修复。安全防护装置不完整或已失效的机械不得使用。

(16)在起重机械产生对人体有害的气体、液体、尘埃、渣滓、放射性射线、振动、噪声等场所,必须配置相应的安全保护设备和三废处理装置;在隧道、沉井基础施工中,应采取措施,把有害物限制在规定的限度内。

(17)起重机的变幅指示器、力矩限制器、起重量限制器以及各种行程限位开关等,应完好齐全、灵敏可靠,不得随意调整或拆除。严禁利用限制器和限位装置代替操纵机构。

(18)起重机作业时,起重臂和重物下方严禁有人停留、工作或通过。重物吊运时,严禁从人上方通过。严禁用起重机载运人员。

(19)施工现场停工 6 个月以上又重新使用的塔式起重机、龙门架(井字架)、整体提升脚手架等,在使用前必须组织由本企业的安全、施工等技术管理人员参加的检验,经检验合格后方可使用。不能自行检验的,可以委托当地建筑安全监督管理机构进行检验。

(20)起重机械技术试验应符合下列规定:

①凡新购、大修、重新装置或经技术改造的起重机械均应按《建筑机械技术试验规程》进行技术试验,取得合格签证后,方可交付使用;

②技术试验中须严格遵守《建筑机械使用安全技术规程》和机械使用说明书中有关规定;

③在试验中如发现不正常现象,应立即停止试验,排除故障后再继续试验;

④试验后应对试验过程中的技术状况或故障,进行认真分析与处理,确认符合要求后,填写技术试验报告表,由参加试验人员共同签字,存入起重设备技术档案。

(21)施工现场起重机械应按照《施工现场机械设备检查技术规程》规定进行检查,主要内容如下:

①各类起重机应装有音响清晰的喇叭、电铃或汽笛等信号装置;在起重臂、吊钩、平衡臂等转动体上应标以明显的色彩标志。

②起重机的变幅指示器、力矩限制器、起重量限制器以及各种行程限位开关等安全保护装置,应完好齐全、灵敏可靠,不应随意调整或拆除;严禁利用限制器和限位装置代替操纵机构。

③起重机的任何部位、吊具、辅具、钢丝绳、缆风绳和重物与架空输电线路之间的距离不得小于《施工现场机械设备检查技术规程》的规定,否则应与有关部门协商,并采取安全防护措施后方可架设。

④起升高度大于 50 m 的起重机在臂架头部应安装风速仪;当风速大于工作极限风速

时,应能发出停止作业的警报。

⑤整机主要工作性能应能达到额定指标。

⑥司机室内应配备灭火器。

(22)起重机械超载保护装置应当符合《起重机械超载保护装置》的规定。

(23)电气设备应按使用说明书的要求进行安装,安装所用的电源线路应符合现行行业标准《施工现场临时用电安全技术规范》的要求。

2)起重吊装施工监督要点

(1)塔式起重机起吊前,应对安全装置进行检查,确认合格后方可起吊;安全装置失灵时,不得起吊。

(2)塔式起重机起吊前,当吊物与地面或其他物件之间存在吸附力或摩擦力而未采取处理措施时,不得起吊。

(3)物件起吊时应绑扎牢固,不得在吊物上堆放或悬挂其他物件;零星材料起吊时,必须用吊笼或钢丝绳绑扎牢固。当吊物上站人时不得起吊。

(4)标有绑扎位置或记号的物件应按标明位置绑扎。钢丝绳与物件的夹角宜为 45° ~ 60°,且不得小于 30°。吊索与吊物棱角之间应有防护措施;未采取防护措施的,不得起吊。

(5)起重吊装应使用《起重吊运指挥信号》进行指挥。

(6)塔式起重机起吊前,应按《建筑施工塔式起重机安装、使用、拆卸安全技术规程》第 6 章的要求对吊具与索具进行检查,确认合格后方可起吊;当吊具与索具不符合相关规定时,不得用于起吊作业。

(7)严禁使用起重机进行斜拉、斜吊和起吊地下埋设或凝固在地面上的重物以及其他不明重量的物体。现场浇筑的混凝土构件或模板,必须全部松动后方可起吊。

(8)严禁起吊重物长时间悬挂在空中,作业中遇突发故障时,应采取措施将重物降落到安全地方,并关闭发动机或切断电源后进行检修。在突然停电时,应立即把所有控制器按到零位,断开电源总开关,并采取措施使重物降到地面。

(9)起重机变幅应缓慢平稳,严禁在起重臂未停稳前变换挡位;起重机载荷达到额定起重量的 90% 及以上时,严禁下降起重臂。

(10)起重机如需带载行走时,载荷不得超过允许起重量的 70%,行走道路应坚实平整,重物应在起重机正前方向,重物离地面不得大于 500 mm,并应拴好拉绳,缓慢行驶。严禁长距离带载行驶。

(11)起重机上下坡道时应无载行走,上坡时应将起重臂仰角适当放小,下坡时应将起重臂仰角适当放大。严禁下坡空挡滑行。

3)有关塔式起重机的监督要点

(1)塔式起重机安装、拆卸作业应配备下列人员:

①持有安全生产考核合格证书的项目负责人和安全负责人、机械管理人员;

②具有建筑施工特种作业操作资格证书的建筑起重机械安装拆卸工、起重司机、起重信号工、司索工等特种作业操作人员。

(2)塔式起重机应具有特种设备制造许可证、产品合格证、制造监督检验证明,并已在县级以上地方建设主管部门备案登记。

（3）塔式起重机启用前应检查下列项目：

①塔式起重机的备案登记证明等文件；

②建筑施工特种作业人员的操作资格证书；

③专项施工方案；

④辅助起重机械的合格证及操作人员资格证书。

（4）有下列情况之一的严禁使用：

①国家明令淘汰的产品；

②超过规定使用年限经评估不合格的产品；

③不符合国家现行相关标准的产品；

④没有完整安全技术档案的产品。

（5）当多台塔式起重机在同一施工现场交叉作业时，应编制专项方案，并应采取防碰撞的安全措施。任意两台塔式起重机之间的最小架设距离应符合下列规定：

①低位塔式起重机的起重臂端部与另一台塔式起重机的塔身之间的距离不得小于 2 m；

②高位塔式起重机的最低位置的部件（或吊钩升至最高点或平衡重的最低部位）与低位塔式起重机中处于最高位置部件之间的垂直距离不得小于 2 m。

（6）在安装、使用及拆卸阶段，进入现场的作业人员必须佩戴安全帽、防滑鞋、安全带等防护用品，无关人员严禁进入作业区域内。在安装、拆卸作业期间，应设警戒区。

（7）在安装前和使用过程中，发现有下列情况之一的，不得安装和使用：

①结构件上有可见裂纹和严重锈蚀的；

②主要受力构件存在塑性变形的；

③连接件存在严重磨损和塑性变形的；

④钢丝绳达到报废标准的；

⑤安全装置不齐全或失效的。

（8）安装条件如下：

①安装前，必须经维修保养，并应进行全面的检查，确认合格后方可安装。

②塔式起重机的基础及其地基承载力应符合使用说明书和设计图纸的要求。安装前应对基础进行验收，合格后方可安装。基础周围应有排水设施。

③行走式塔式起重机的轨道及基础应按使用说明书的要求进行设置，且应符合现行国家标准《塔式起重机安全规程》及《塔式起重机》的规定。

④内爬式塔式起重机的基础、锚固、爬升支承结构等应根据使用说明书提供的荷载进行设计计算，并应对内爬式塔式起重机的建筑承载结构进行验算。

（9）安装前应根据专项施工方案，对基础的下列项目进行检查，确认合格后方可实施：

①基础的位置、标高、尺寸；

②基础的隐蔽工程验收记录和混凝土强度报告等相关资料；

③安装辅助设备的基础、地基承载力、预埋件等；

④基础的排水措施。

(10)安装辅助设备就位后,应对其机械和安全性能进行检验,合格后方可作业。

(11)自升式塔式起重机的顶升加节应符合下列规定:

①顶升系统必须完好;

②结构件必须完好;

③顶升前,塔式起重机下支座与顶升套架应可靠连接;

④顶升前,应确保顶升横梁搁置正确;

⑤顶升前,应将塔式起重机配平,顶升过程中,应确保塔式起重机的平衡;

⑥顶升加节的程序,应符合使用说明书的规定;

⑦顶升过程中,不应进行起升、回转、变幅等操作;

⑧顶升结束后,应将标准节与回转下支座可靠连接;

⑨塔式起重机加节后需进行附着的,应按照先装附着装置、后顶升加节的顺序进行,附着装置的位置和支撑点的强度应符合要求。

(12)塔式起重机的独立高度、悬臂高度应符合使用说明书的要求。

(13)雨雪、浓雾天气严禁进行安装作业。安装时塔式起重机最大高度处的风速应符合使用说明书的要求,且风速不得超过 12 m/s。

(14)当需在夜间进行塔式起重机安装和拆卸作业时,应保证提供足够的照明。

(15)当遇特殊情况安装作业不能连续进行时,必须将已安装的部位固定牢靠并达到安全状态,经检查确认无隐患后,方可停止作业。

(16)安全装置必须齐全,并应按程序进行调试合格。

(17)安装单位应对安装质量进行自检,并应按规定填写自检报告书。

(18)附着杆的安装和拆卸应符合下列要求:

①在安装和拆卸附着杆时,必须使起重机处于顶升时的平衡状态,且使两臂位于与附着方向相垂直的位置。

②在安装每一道附着杆时,不得任意升高塔身,必须保证在未附着前起重机的自由高度部分符合产品的有关规定。

③在拆卸附着杆时,必须先降落塔身,使起重机在拆除这道附着杆后形成的自由高度符合产品的有关规定。

④分段拼接的附着杆,各连接件如螺栓、销轴等必须安装齐全,各连接件的固定要符合要求。

⑤建筑物与附着杆之间的连接必须牢固,保证起重机作业中塔身与建筑物不产生相对运动。需要在建筑物上打孔与附着杆连接时,在建筑物上所开的孔径应和与它相连接的销子(螺栓)的直径相称。

⑥附着后,最高附着点以下的塔身轴线垂直度偏差不大于相应高度的2/10 000。

(19)使用前,应对起重司机、起重信号工、司索工等作业人员进行安全技术交底。

(20)塔式起重机回转、变幅、行走、起吊动作前应示意警示。起吊时应统一指挥,明确指挥信号;当指挥信号不清楚时,不得起吊。

(21)遇有风速在 12 m/s 及以上的大风或大雨、大雪、大雾等恶劣天气时,应停止作业。雨雪过后,应先经过试吊,确认制动器灵敏可靠后方可进行作业。夜间施工应有足够照明,照明的安装应符合现行行业标准《施工现场临时用电安全技术规范》的要求。

(22)不得起吊重量超过额定载荷的吊物,且不得起吊重量不明的吊物。

(23)作业完毕后,应松开回转制动器,各部件应置于非工作状态,控制开关应置于零位,并应切断总电源。

(24)行走式塔式起重机停止作业时,应锁紧夹轨器。

(25)当塔式起重机使用高度超过 30 m 时,应配置障碍灯,该指示灯的供电不应受停机的影响。起重臂根部铰点高度超过 50 m 时应配备风速仪。

(26)严禁在塔式起重机塔身上附加广告牌或其他标语牌。

(27)主要部件和安全装置等应进行经常性检查,每月不得少于一次,并应有记录;当发现有安全隐患时,应及时进行整改。

(28)当使用周期超过一年时,应按规定进行一次全面检查,合格后方可继续使用。

(29)当使用过程中发生故障时,应及时维修,维修期间应停止作业。

(30)只有经过制造商的正式书面许可,不同型号塔式起重机间的结构部件才可替换使用。

(31)替换结构部件后的新组合塔式起重机应重新进行测试并将替换的部件清单详细列入测试报告中。

(32)对于拆装的起重机,拆装工人必须遵照下列原则:

①了解起重机的性能。

②详细了解并严格按照说明书中所规定的安装及拆卸程序进行作业,严禁对产品说明书中规定的拆装程序做任何改动。

③熟知起重机拼装或解体各拆装部件相连接处所采用的连接形式和所使用的连接件的尺寸、规定及要求。

④了解每个拆装部件的重量和吊点位置。

(33)塔式起重机拆卸作业宜连续进行;当遇特殊情况拆卸作业不能继续时,应采取措施保证塔式起重机处于安全状态。

(34)当用于拆卸作业的辅助起重设备设置在建筑物上时,应明确设置位置、锚固方法,并应对辅助起重设备的安全性及建筑物的承载能力等进行验算。

(35)拆卸前应检查主要结构件、连接件、电气系统、起升机构、回转机构、变幅机构、顶升机构等项目。发现隐患应采取措施,解决后方可进行拆卸作业。

(36)自升式塔式起重机每次降节前,应检查顶升系统和附着装置的连接等,确认完好后方可进行作业。

(37)拆卸时应先降节、后拆除附着装备。

(38)在安装或拆卸带有起重臂和平衡臂的起重机时,严禁只拆装一个臂就中断作业。

(39)自升式起重机在升降塔身时,必须按说明书规定,使起重机处于最佳平衡状态,并将导向装置调整到规定的间隙。

(40)在升降塔身的过程中,必须有专人仔细注意检查,严防电缆被拖拉、刮碰、挤伤等。

4）有关施工升降机的监督要点

（1）有下列情况之一的施工升降机不得安装使用：

①属国家明令淘汰或禁止使用的；

②超过安全技术标准或制造厂家规定的使用年限的；

③经检验达不到安全技术标准规定的；

④无完整安全技术档案的；

⑤无齐全有效的安全保护装置的。

（2）在进行安装、拆卸和维护操作的过程中，应符合下列要求：

①吊笼最大速度不应大于 0.7 m/s；

②若在吊笼顶部进行控制操作，则其他操作装置均不应起作用，但吊笼的安全装置仍起保护作用。

（3）安装作业时必须将按钮盒或操作盒移至吊笼顶部操作。当导轨架或附墙架上有人员作业时，严禁开动施工升降机。

（4）严禁施工升降机使用超过有效标定期的防坠安全器。

（5）施工升降机应设有限位开关、极限开关和防松绳开关。

（6）对于额定升降速度大于 0.7 m/s 的施工升降机，还应设有吊笼上下运行减速开关。

（7）升降机安装后，应经施工单位技术负责人会同有关部门对基础和附壁支架以及升降机架设安装的质量、精度等进行全面检查，并应按规定程序进行技术试验（包括坠落试验），经试验合格签证后，方可投入运行。

（8）防坠安全器试验时，吊笼不允许载人。

（9）升降机应设置高度不低于 1.8 m 的地面防护围栏，围栏门应装有机电连锁装置。

（10）吊笼运行应平稳，停层应准确，不应有异常振动及过热。

（11）施工升降机防坠安全器必须灵敏有效、动作可靠。

（12）严禁用行程限位开关作为停止运行的控制开关。

（13）严禁在施工升降机运行中进行保养、维修作业。

（14）安全防护网应完整，不应破损。

（15）防坠安全器在施工升降机的升高和拆卸过程中仍应起作用。

（16）施工升降机拆卸作业应符合拆卸工程专项施工方案的要求。

5. 脚手架工程监督要点

1）扣件式钢管脚手架工程监督要点

（1）钢管上严禁打孔。

（2）主节点处必须设置一根横向水平杆，用直角扣件扣接且严禁拆除。

（3）脚手架必须设置纵、横向扫地杆。纵向扫地杆应采用直角扣件固定在距底座上皮不大于 200 mm 处的立杆上。横向扫地杆亦应采用直角扣件固定在紧靠纵向扫地杆下方的立杆上。当立杆基础不在同一高度上时，必须将高处的纵向扫地杆向低处延长两跨与立杆固定，高低差不应大于 1 m。靠边坡上方的立杆轴线到边坡的距离不应小于 500 mm。

（4）立杆接长除顶层顶步可采用搭接外,其余各层各步接头必须采用对接扣件连接。

（5）一字型、开口型脚手架的两端必须设置连墙件,连墙件的垂直间距不应大于建筑物的层高,并不应大于 4 m(2 步)。

（6）对高度 24 m 以上的双排脚手架,必须采用刚性连墙件与建筑物可靠连接。

（7）连墙件必须采用可承受拉力和压力的构造。

（8）高度在 24 m 以下的单、双排脚手架,均必须在外侧立面的两端各设置一道剪刀撑,并应由底至顶连续设置。

（9）一字型、开口型双排脚手架的两端均必须设置横向斜撑。

（10）当脚手架基础下有设备基础、管沟时,在脚手架使用过程中不应开挖,否则必须采取加固措施。

（11）脚手架必须配合施工进度搭设,一次搭设高度不应超过相邻连墙件以上 2 步。

（12）立杆搭设严禁将外径 48 mm 与 51 mm 的钢管混合使用。

（13）剪刀撑、横向斜撑搭设应随立杆、纵向和横向水平杆搭设等同步进行。

（14）拆除脚手架时,必须由上而下逐层进行,严禁上下同时作业;连墙件必须随脚手架逐层拆除,严禁先将连墙件整层或数层拆除后再拆脚手架;分段拆除高差不应大于 2步,如高差大于 2 步,应增设连墙件加固。

（15）卸料时各构配件严禁抛掷至地面。

（16）旧扣件使用前应进行质量检查,有裂缝、变形的严禁使用,出现滑丝的螺栓必须更换。

（17）脚手架搭设人员必须是经过按《建筑施工特种作业人员管理规定》考核合格的专业架子工。上岗人员应定期体检,合格者方可持证上岗。

（18）搭设脚手架人员必须戴安全帽、系安全带、穿防滑鞋。

（19）脚手架的构配件质量与搭设质量,应按规范的规定进行检查验收,合格后方准使用。

（20）作业层上的施工荷载应符合设计要求,不得超载。不得将模板支架、缆风绳、泵送混凝土和砂浆的输送管等固定在脚手架上;严禁悬挂起重设备。

（21）当有六级及六级以上大风和雾、雨、雪天气时,应停止脚手架搭设与拆除作业。雨、雪后上架作业应有防滑措施,并应扫除积雪。

（22）脚手架的安全检查与维护,应按规范的规定进行。安全网应按有关规定搭设或拆除。

（23）在脚手架使用期间,严禁拆除主节点处的纵、横向水平杆,纵、横向扫地杆,连墙件。

（24）不得在脚手架基础及其邻近处进行挖掘作业,否则应采取安全措施,并报主管部门批准(见《建筑施工扣件式钢管脚手架安全技术规范》(JGJ 130—2001)。

（25）临街搭设脚手架时,外侧应有防止坠物伤人的防护措施。

（26）在脚手架上进行电、气焊作业时,必须有防火措施和专人看守。

（27）工地临时用电线路的架设及脚手架接地、避雷措施等,应按现行行业标准《施工现场临时用电安全技术规范》的有关规定执行。

（28）搭拆脚手架时，地面应设围栏和警戒标志，并派专人看守，严禁非操作人员入内。

2）门式钢管脚手架工程监督要点

（1）门架钢管平直度允许偏差不应大于管长的 1/500，钢管不得接长使用，不应使用带有硬伤或严重腐蚀的钢管。门架立杆、横杆钢管壁厚的负偏差不应超过 0.2 mm。钢管壁厚存在负偏差时，应使用热镀锌钢管。

（2）不同型号的门架与配件严禁混合使用。

（3）上下榀门架的组装必须设置连接棒，连接棒与门架立杆配合间隙不应大于 2 mm。

（4）门式脚手架剪刀撑的设置必须符合下列规定：

①当门式脚手架搭设高度在 24 m 及以下时，在脚手架的转角处、两端及中间间隔不超过 15 m 的外侧立面必须各设置一道剪刀撑，并应由底至顶连续设置；

②当脚手架搭设高度超过 24 m 时，在脚手架全外侧立面上必须设置连续剪刀撑；

③对于悬挑脚手架，在脚手架全外侧立面上必须设置连续剪刀撑。

（5）在门式脚手架的转角处或开口型脚手架端部，必须增设连墙件，连墙件的垂直间距不应大于建筑物的层高，且不应大于 4.0 m。

（6）门式脚手架与模板支架的搭设场地必须平整坚实，并应符合下列规定：

①回填土应分层回填，逐层夯实；

②场地排水应顺畅，不应有积水。

（7）门式脚手架连墙件的安装必须符合下列规定：

①连墙件的安装必须随脚手架搭设同步进行，严禁滞后安装；

②当脚手架操作层高出相邻连墙件以上 2 步时，在连墙件安装完毕前不需采用确保脚手架稳定的临时拉接措施。

（8）拆除作业必须符合下列规定：

①架体的拆除应从上而下逐层进行，严禁上下同时作业。

②同一层的构配件和加固件必须按先上后下、先外后内的顺序进行拆除。

③连墙件必须随脚手架逐层拆除，严禁先将连墙件整层或数层拆除后再拆架体。拆除作业过程中，当架体的自由高度大于 2 步时，必须加设临时拉接。

④连接门架的剪刀撑等加固杆件必须在拆卸该门架时拆除。

（9）门架与配件应采用机械或人工运至地面，严禁抛投。

（10）门式脚手架与模板支撑作业层上严禁超载。

（11）严禁将模板支架、缆风绳、混凝土泵管、卸料平台等固定在门式脚手架上。

（12）在门式脚手架使用期间，脚手架基础附近严禁进行挖掘作业。

（13）满堂脚手架与模板支架的交叉支撑和加固杆，在施工期间禁止拆除。

（14）门式脚手架外侧应设置密目式安全网，网间应严密，防止坠物伤人。

（15）在门式脚手架或模板支架上进行电、气焊作业时，必须有防火措施和专人看护。

（16）不得攀爬门式脚手架。

（17）搭拆门式脚手架或模板支架作业时，必须设置警戒线、警戒标志，并应派专人看守,严禁非作业人员入内。

3)碗扣式钢管脚手架工程监督要点

(1)采用钢板热冲压整体成型的下碗扣,钢板应符合现行国家标准《碳素结构钢》中Q235A级钢的要求,板材厚度不得小于6 mm,并应经600～650 ℃的时效处理。严禁利用废旧锈蚀钢板改制。

(2)可调底座底板的钢板厚度不得小于6 mm,可调托撑钢板厚度不得小于5 mm。

(3)可调底座及可调托撑丝杆与调节螺母啮合长度不得少于6扣,插入立杆内的长度不得小于150 mm。

(4)受压杆件长细比不得大于230,受拉杆件长细比不得大于350。

(5)双排脚手架首层立杆应采用不同的长度交错布置,底层纵、横向横杆作为扫地杆距地面高度应小于或等于350 mm,严禁施工中拆除扫地杆,立杆应配置可调底座或固定底座。

(6)双排脚手架专用外斜杆设置应符合下列规定:

①斜杆应设置在有纵、横向横杆的碗扣节点上。

②在封圈的脚手架拐角处及一字形脚手架端部应设置竖向通高斜杆。

③当脚手架高度小于或等于24 m时,每隔5跨应设置一组竖向通高斜杆;当脚手架高度大于24 m时,每隔3跨应设置一组竖向通高斜杆;斜杆应对称设置。

④当斜杆临时拆除时,拆除前应在相邻立杆间设置相同数量的斜杆。

(7)当采用钢管扣件作斜杆时应符合下列规定:

①斜杆应每步与立杆扣接,扣接点距碗扣节点的距离不应大于150 mm;当出现不能与立杆扣接的情况时,应与横杆扣接,扣件扭紧力矩应为40～65 N·m。

②纵向斜杆应在全高方向设置成八字形且内外对称,斜杆间距不应大于2跨。

(8)连墙件的设置应符合下列规定:

①连墙件应呈水平设置,当不能呈水平设置时,与脚手架连接的一端应下斜连接。

②每层连墙件应在同一平面,其位置应由建筑结构和风荷载计算确定,且水平间距不应大于4.5 m。

③连墙件应设置在有横向横杆的碗扣节点处,当采用钢管扣件做连墙件时,连墙件应与立杆连接,连接点距碗扣节点的距离不应大于150 mm。

④连墙件应采用可承受拉、压荷载的刚性结构,连接应牢固可靠。

(9)当脚手架高度大于24 m时,24 m以下所有的连墙件层必须设置水平斜杆,水平斜杆应设置在纵向横杆之下。

(10)模板支撑架斜杆设置应符合下列要求:

①当立杆间距大于1.5 m时,应在拐角处设置通高专用斜杆,中间每排每列应设置通高八字形斜杆或剪刀撑。

②当立杆间距小于或等于1.5 m时,模板支撑架四周从底到顶连续设置竖向剪刀撑;中间纵、横向由底至顶连续设置竖向剪刀撑,其间距应小于或等于4.5 m。

③剪刀撑的斜杆与地面夹角应在45°～60°,斜杆应每步与立杆扣接。

(11)当模板支撑架高度大于4.8 m时,顶端和底部必须设置水平剪刀撑,中间水平剪刀撑设置间距应小于或等于 4.8 m。

（12）脚手架搭设前工程技术负责人应按脚手架施工设计或专项方案的要求对搭设和使用人员进行技术交底。

（13）对进入现场的脚手架构配件,使用前应对其质量进行复检。

（14）土层地基上的立杆应采用可调底座和垫板。

（15）脚手架的搭设应分阶段进行,每段搭设后必须经检查验收后方可正式投入使用。

（16）脚手架的搭设应与建筑物的施工同步上升,每次搭设高度必须高于即将施工楼层 1.5 m。

（17）脚手架内外侧加挑梁时,挑梁范围内只允许承受人行荷载,严禁堆放物料。

（18）连墙件必须随架子高度上升及时在规定位置处设置,严禁任意拆除。

（19）作业层设置应符合下列要求:

①必须满铺脚手板,外侧应设挡脚板及护身栏杆;

②护身栏杆可用横杆在立杆的 0.6 m 和 1.2 m 碗扣接头处搭设两道;

③作业层下的水平安全网应按《安全技术规范》规定设置。

（20）脚手架搭设到顶时,应组织技术、安全、施工人员对整个架体结构进行全面的检查和验收,及时解决存在的结构缺陷。

（21）脚手架拆除前现场工程技术人员应对在岗操作工人进行有针对性的安全技术交底。

（22）脚手架拆除时必须划出安全区,设置警戒标志,派专人看管。

（23）拆除作业应从顶层开始,逐层向下进行,严禁上下层同时拆除。

（24）各层的连墙件必须在拆到该层时方可拆除,严禁提前拆除。

（25）拆除的构配件严禁抛掷。

（26）脚手架采取分段、分立面拆除时,必须事先确定分界处的技术处理方案。

（27）建筑楼板多层连续施工时,应保证上下层支撑立杆在同一轴线上。

（28）模板支撑架拆除应符合《混凝土结构工程施工质量验收规范》中混凝土强度的有关规定。

（29）进入现场的碗扣架构配件应具备以下证明资料:

①主要构配件应有产品标识及产品质量合格证;

②供应商应配套提供管材、零件、铸件、冲压件等材质、产品性能检验报告。

（30）脚手架搭设质量应按阶段进行检验:

①首段高度为 6 m 时,进行第一阶段的检查与验收;

②架体应随施工进度定期进行检查,达到设计高度后进行全面的检查与验收;

③遇六级以上大风、大雨、大雪后特殊情况的检查;

④停工超过一个月恢复使用前。

（31）对整体脚手架应重点检查以下内容:

①保证架体几何不变性的斜杆、连墙件、十字撑等设置是否完善;

②基础是否有不均匀沉降,立杆底座与基础面的接触有无松动或悬空情况;

③立杆上碗扣是否可靠锁紧；

④立杆连接销是否安装，斜杆扣接点是否符合要求，扣件拧紧程度。

(32)搭设高度在 20 m 以下(含 20 m)的脚手架，应由施工项目负责人组织技术、安全及监理人员进行验收；对于高度超过 20 m 的脚手架及超高、超重、大跨度的模板支撑架，应由其上级安全生产主管部门负责人组织架体设计及监理等人员进行检查验收。

(33)脚手架验收时，应具备下列技术文件：

①施工组织设计及变更文件；

②高度超过 20 m 的脚手架的专项施工设计方案；

③周转使用的脚手架构配件使用前的复验合格记录；

④搭设的施工记录和质量检查记录。

(34)作业层上的施工荷载应符合设计要求，不得超载，不得在脚手架上集中堆放模板、钢筋等物料。

(35)混凝土输送管、布料杆及塔架拉接缆风绳不得固定在脚手架上。

(36)大模板不得直接堆放在脚手架上。

(37)遇六级及以上大风、雨雪、大雾天气时应停止脚手架的搭设与拆除作业。

(38)脚手架使用期间，严禁擅自拆除架体结构杆件，如需拆除必须报请技术主管同意，确定补救措施后方可实施。

(39)严禁在脚手架基础及邻近处进行挖掘作业。

(40)脚手架应与架空输电线路保持安全距离，工地临时用电线路架设及脚手架接地防雷措施等应按现行行业标准《施工现场临时用电安全技术规范》的有关规定执行。

4)木脚手架工程监督要点

(1)当选材、材质和构造符合规范的规定时，脚手架搭设高度应符合下列规定：

①单排架不得超过 20 m；

②双排架不得超过 25 m，当需超过 25 m 时，应按规范进行设计计算确定，但增高后的总高度不得超过 30 m。

(2)杆件、连墙件应符合下列规定：

①立杆、斜撑、剪刀撑、抛撑应选用剥皮杉木或落叶松木。其材质性能应符合现行国家标准《木结构设计规范》中规定的承重结构原木Ⅲa 材质等级的质量标准。

②纵向水平杆及连墙件应选用剥皮杉木或落叶松木。横向水平杆应选用剥皮杉木或落叶松木。其材质性能均应符合现行国家标准《木结构设计规范》中规定的承重结构原木Ⅱa 材质等级的质量标准。

(3)连接用的绑扎材料必须选用 8 号镀锌钢丝或回火钢丝，且不得有锈蚀斑痕；用过的钢丝严禁重复使用。

(4)单排脚手架的搭设不得用于墙厚在 180 mm 及以下的砌体土坯和轻质空心砖墙以及砌筑砂浆强度在 M1.0 以下的墙体。

(5)空斗墙上留置脚手眼时，横向水平杆下必须实砌两皮砖。

(6)砖砌体的下列部位不得留置脚手眼：

①砖过梁上与梁成 60°角的三角形范围内；

②砖柱或宽度小于 740 mm 的窗间墙；

③梁和梁垫下及其左右各 370 mm 的范围内；

④门窗洞口两侧 240 mm 和转角处 420 mm 的范围内；

⑤设计图纸上规定不允许留洞眼的部位。

（7）在大雾、大雨、大雪和六级以上的大风天，不得进行脚手架在高处的搭设作业。雨雪后搭设时必须采取防滑措施。

（8）搭设脚手架时操作人员应戴好安全帽，在 2 m 以上高处作业时，应系安全带。

（9）剪刀撑的设置应符合下列规定：

①单、双排脚手架的外侧均应在架体端部、转折角和中间每隔 15 m 的净距内，设置纵向剪刀撑，并应由底至顶连续设置；剪刀撑的斜杆应至少覆盖 5 根立杆。斜杆与地面倾角应在 45°～60°。当架长在 30 m 以内时，应在外侧立面整个长度和高度上连续设置多跨剪刀撑。

②剪刀撑的斜杆的端部应置于立杆与纵、横向水平杆相交节点处，与横向水平杆绑扎应牢固。中部与立杆及纵、横向水平杆各相交处均应绑扎牢固。

③对不能交圈搭设的单片脚手架，应在两端端部从底到上连续设置横向斜撑。

④斜撑或剪刀撑的斜杆底端埋入土内深度不得小于 0.3 m。

（10）对三步以上的脚手架，应每隔 7 根立杆设置 1 根抛撑，抛撑应进行可靠固定，底端埋深应为 0.2～0.3 m。

（11）当脚手架架高超过 7 m 时，必须在搭架的同时设置与建筑物牢固连接的连墙件。连墙件的设置应符合下列规定：

①连墙件应既能抗拉又能承压，除应在第一步架高处设置外，双排架应两步三跨设置一个；单排架应两步两跨设置一个；连墙件应沿整个墙面采用梅花形布置。

②开口型脚手架，应在两端端部沿竖向每步架设置一个。

③连墙件应采用预埋件和工具化、定型化的连接构造。

（12）在土质地面挖掘立杆基坑时，坑深应为 0.3～0.5 m，并应于埋杆前将坑底夯实，或按计算要求加设垫木。

（13）当双排脚手架搭设立杆时，里外两排立杆距离应相等。杆身沿纵向的垂直允许偏差应为架高的 3/1 000，且不得大于 100 mm，并不得向外倾斜。埋杆时，应采用石块卡紧，再分层回填夯实，并应有排水措施。

（14）当立杆底端无法埋地时，立杆在地表面处必须加设扫地杆。横向扫地杆距地表面应为 100 mm，其上绑扎纵向扫地杆。

（15）满堂脚手架的构造参数应按规范的规定选用。

（16）木脚手架的搭设、维修和拆除，作业前，应向操作人员进行安全技术交底。

（17）在邻近脚手架的纵向和危及脚手架基础的地方，不得进行挖掘作业。

（18）在脚手架上进行电气焊作业时，应有可靠的防火安全措施，并设专人监护。

（19）脚手架支承于永久性结构上时，传递给永久性结构的荷载不得超过其设计允许值。

（20）上料平台应独立搭设，严禁与脚手架共用杆件。

（21）用吊笼运砖时，严禁直接放于外脚手架上。

（22）不得在单排架上使用运料小车。

（23）不得在各种杆件上进行钻孔、刀削和斧砍。严禁使用有腐朽、虫蛀、折裂、扭裂和纵向严重裂缝的杆件。

（24）作业层的连墙件不得承受脚手板及由其所传递来的一切荷载。

（25）脚手架离高压线的距离应符合国家现行标准《施工现场临时用电安全技术规范》中的规定。

（26）脚手架投入使用前，应先进行验收，合格后方可使用；搭设过程中每隔四步至搭设完毕均应分别进行验收。

（27）停工后又重新使用的脚手架，必须按新搭脚手架的标准检查验收，合格后方可使用。

（28）施工过程中，严禁随意抽拆架上的各类杆件和脚手板，并应及时清除架上的垃圾和冰雪。

（29）当出现大风暴雨、冰雪解冻等情况时，应进行检查，对立杆下沉、悬空、接头松动、架子歪斜等现象，应立即进行维修和加固，确保安全后方可使用。

（30）搭设脚手架时，应有保证安全上下的爬梯或斜道，严禁攀登架体上下。

（31）脚手架在使用过程中，应经常检查维修，发现问题必须及时处理解决。

（32）脚手架拆除时应划分作业区，周围应设置围栏或竖立警戒标志，并应设专人看管，严禁非作业人员入内。

5）附着升降脚手架工程监督要点

（1）从事附着升降脚手架工程的施工单位必须取得相应资质证书；所使用的附着升降脚手架必须经过国务院建设行政主管部门组织鉴定或者委托具有资格的单位进行认证。

（2）附着升降脚手架工程的施工单位应当根据资质管理有关规定到当地建设行政主管部门办理相应的审查手续。

（3）新研制的附着升降脚手架应符合规定的各项技术要求，并到当地建设行政主管部门办理试用手续。

（4）异地使用附着升降脚手架的，使用前应向当地建设行政主管部门或建筑安全监督机构办理备案手续，接受其监督管理。

（5）工程项目的总承包单位必须对施工现场的安全工作实行统一监督管理，对使用的附着升降脚手架要进行监督检查，发现问题，及时采取解决措施。

（6）附着升降脚手架组装完毕，总承包单位必须根据规定以及专项施工方案等有关文件的要求进行检查，验收合格后，方可进行升降作业。分包单位对附着升降脚手架的使用安全负责。

（7）施工人员必须经过专项培训。

（8）组装前，应根据专项施工方案要求，配备合格人员，明确岗位职责，并对有关施工人员进行安全技术交底。

（9）附着升降脚手架所用各种材料、工具和设备应具有质量合格证、材质单等质量文件。使用前应按相关规定对其进行检验。不合格产品严禁投入使用。

（10）附着升降脚手架在每次升降以及拆卸前应根据专项施工方案要求对施工人员进行安全技术交底。

（11）整体式附着升降脚手架的控制中心应设专人负责操作,禁止其他人员操作。

（12）附着式升降脚手架必须具有安全可靠的防倾覆、防坠落和同步升降控制的安全装置。

（13）防坠落装置必须符合下列规定：

①防坠落装置必须设置在竖向主框架处并附着在建筑结构上,每一升降点不得少于一个防坠落装置,防坠落装置在使用和升降工况下都必须起作用；

②防坠落装置必须采用机械式的全自动装置,严禁使用每次升降都需重组的手动装置；

③防坠落装置技术性能除应满足承载能力要求外,整体式升降脚手架制动距离不大于 80 mm,单片式升降脚手架制动距离不大于 150 mm；

④防坠落装置应具有防尘、防污染的措施,并应灵敏可靠和运转自如；

⑤防坠落装置与升降设备必须分别独立固定在建筑结构上；

⑥钢吊杆式防坠落装置,钢吊杆规格应由计算确定,且直径不应小于 25 mm。

（14）升降脚手架架体高度不应大于 5 倍标准楼层高；架体宽度不应大于 1.2 m；直线布置的架体支承跨度不应大于 7 m；折线或曲线布置的架体,相邻两主框架支撑点处的架体外侧距离不应大于 5.4 m。

（15）架体的水平悬挑长度不应大于 1/2 水平支承跨度,且不应大于 2 m；单片式升降脚手架架体的悬挑长度不应大于 1/4 水平支承跨度。悬挑端以定型主框架为中心成对设置对称斜拉杆,其水平夹角不应小于 45°。

（16）架体全高与支承跨度的乘积不应大于 110 m²。

（17）架体的垂直度偏差不应大于 5/1 000,且不应大于 60 mm。

（18）相邻机位的高差不应大于 20 mm。

（19）架体外立面沿全高设置剪刀撑,剪刀撑跨度不应大于 6 m；其水平夹角宜为 45° ~ 60°,应将定型主框架、水平梁架和架体连成一体。

（20）附着支承结构应包括附墙支座、悬臂梁及斜拉杆,其构造应符合下列规定：

①竖向主框架所覆盖的每个楼层处应设置一道附墙支座。

②在使用工况下,应将竖向主框架固定于附墙支座上。

③在升降工况下,附墙支座上应设有防倾、导向的结构装置。

④附墙支座应采用锚固螺栓与建筑物连接,受拉螺栓的螺母不得少于两个或采用弹簧垫圈加单螺母,螺杆露出螺母端部的长度不应少于三扣,并不得少于 10 mm；垫板尺寸应由设计确定,且不得小于 100 mm × 100 mm × 10 mm。

（21）物料平台不得与附着式升降脚手架各部位和各结构构件相连,其荷载应直接传递给建筑工程结构。

（22）附着升降脚手架组装完毕,必须进行以下检查,合格后方可进行升降操作：

①工程结构混凝土强度应达到附着支承对其附加荷载的要求。

②全部附着支承点的安装符合设计规定,严禁少装附着固定连接螺栓和使用不合格的螺栓。

③各项安全保险装置全部检验合格。

④电源、电缆及控制柜等的设置符合用电安全的有关规定。

⑤升降动力设备工作正常。

⑥同步及荷载控制系统的设置和试运效果符合设计要求。

⑦架体结构中采用普通脚手架杆件搭设的部分,其搭设质量达到要求。

⑧各种安全防护设施齐备并符合设计要求。

⑨各岗位施工人员已落实。

⑩附着升降脚手架施工区域应有防雷措施。

⑪附着升降脚手架应设置必要的消防及照明设施。

⑫同时使用的升降动力设备、同步与荷载控制系统及防坠装置等专项设备,应分别采用同一厂家、同一规格型号的产品。

⑬动力设备、控制设备、防坠装置等应有防雨、防砸、防尘等措施。

⑭其他需要检查的项目。

(23)附着升降脚手架的升降操作必须遵守以下规定:

①严格执行升降作业的程序规定和技术要求。

②严格控制并确保架体上的荷载符合设计规定。

③所有妨碍架体升降的障碍物必须拆除。

④所有升降作业要求解除的约束必须拆开。

⑤严禁操作人员停留在架体上,特殊情况确实需要上人的,必须采取有效安全防护措施,并由建筑安全监督机构审查后方可实施。

⑥应设置安全警戒线,正在升降的脚手架下部严禁有人进入,并设专人负责监护。

⑦严格按设计规定控制各提升点的同步性,相邻提升点间的高差不得大于 30 mm,整体架最大升降差不得大于 80 mm。

⑧升降过程中应实行统一指挥、规范指令。升、降指令只能由总指挥一人下达,但当有异常情况出现时,任何人均可立即发出停止指令。

⑨采用环链葫芦作升降动力的,应严密监视其运行情况,及时发现、解决可能出现的翻链、绞链和其他影响正常运行的故障。

⑩附着升降脚手架升降到位后,必须及时按使用状况要求进行附着固定。在没有完成架体固定工作前,施工人员不得擅自离岗或下班。未办交付使用手续的,不得投入使用。

(24)升降和使用工况下,架体的悬臂高度不应大于 2/5 架体高度,且不应大于 6 m。

(25)附着升降脚手架升降到位架体固定后,办理交付使用手续前,必须通过以下检查项目:

①附着支承和架体已按使用状况下的设计要求固定完毕,所有螺栓连接处已拧紧,各承力件预紧程度应一致。

②碗扣和扣件接头无松动。

③所有安全防护已齐备。

④其他必要的检查项目。

(26)附着升降脚手架的使用必须遵守其设计性能指标,不得随意扩大使用范围;架体上的施工荷载必须符合设计规定,严禁超载,严禁放置影响局部杆件安全的集中荷载,并应及时清理架体、设备及其他构配件上的建筑垃圾和杂物。

(27)附着升降脚手架在使用过程中严禁进行下列作业:

①利用架体吊运物料。

②在架体上拉结吊装缆绳(索)。

③在架体上推车。

④任意拆除结构件或松动连接件。

⑤拆除或移动架体上的安全防护设施。

⑥起吊物料碰撞或扯动架体。

⑦利用架体支顶模板。

⑧使用中的物料平台与架体仍连接在一起。

⑨其他影响架体安全的作业。

(28)附着升降脚手架在使用过程中,应每月进行一次全面安全检查,不合格部位应立即改正。

(29)当附着升降脚手架预计停用超过一个月时,停用前采取加固措施。

(30)当附着升降脚手架停用超过一个月或遇六级以上大风后复工时,必须按要求进行检查。

(31)螺栓连接件、升降动力设备、防倾装置、防坠装置、电控设备等应至少每月维护保养一次。

(32)附着升降脚手架拆除时应有可靠的防止人员与物料坠落的措施,严禁抛扔物料。

(33)遇五级(含五级)以上大风和大雨、大雪、浓雾、雷雨等恶劣天气时,禁止进行升降和拆卸作业。并应预先对架体采取加固措施。夜间禁止进行升降作业。

(34)附着升降脚手架的安全防护措施应满足以下要求:

①架体外侧必须用密目安全网(≥800 目/100 cm²)围挡,密目安全网必须可靠固定在架体上。

②架体底层的脚手板必须铺设严密,且应用平网及密目安全网兜底。应设置架体升降时底层脚手板可折起的翻板构造,保持架体底层脚手板与建筑物表面在升降和正常使用中的间隙,防止物料坠落。

③在每一作业层架体外侧必须设置上、下两道防护栏杆(上杆高度 1.2 m,下杆高度 0.6 m)和挡脚板(高度 180 mm)。

④单片式和中间断开的整体式附着升降脚手架,在使用工况下,其断开处必须封闭并加设栏杆;在升降工况下,架体开口处必须有可靠的防止人员及物料坠落的措施。

6)液压升降整体脚手架工程监督要点

(1)遇到雷雨、六级及以上大风、大雾、大雪天气时,必须停止施工。架体上人员应对设备、工具、零散材料、可移动的铺板等进行整理、固定,并应作好防护,全部人员撤离后应立即切断电源。

(2)液压升降整体脚手架安装、升降、拆除过程中,应统一指挥,在操作区域应设置安全警戒。

(3)液压升降整体脚手架安装、升降、使用、拆除作业,应符合国家现行标准《建筑施工高处作业安全技术规范》的有关规定。

(4)液压升降整体脚手架施工用电应符合国家现行标准《施工现场临时用电安全技术规范》的有关规定。

(5)升降过程中作业人员必须撤离工作脚手架。

(6)安装单位应核对脚手架搭设构(配)件、设备及周转材料的数量、规格,查验产品质量合格证、材质检验报告等文件资料。构(配)件、设备、周转材料应符合下列规定:

①钢管应符合现行国家标准《直缝电焊钢管》(GB/T 13793)的规定。

②钢管脚手架的连接扣件应采用可锻铸铁制作,其材质应符合现行国家标准《钢管脚手架扣件》(GB 15831)的规定;并在螺栓拧紧的扭力矩达到 65 N·m 时,不得发生破坏。

(7)应设置安装平台,安装平台应能承受安装时的垂直荷载。高度偏差应小于 20 mm,水平支承底平面高差应小于 20 mm。

(8)安装过程中竖向主框架与建筑结构间应采取可靠的临时固定措施,确保竖向主框架的稳定。

(9)架体底部应铺设脚手板,脚手板与墙体间隙不应大于 50 mm,操作层脚手板应满铺牢固,孔洞直径宜小于 25 mm。

(10)剪刀撑斜杆与地面的夹角应为 45°~60°。

(11)每个竖向主框架所覆盖的每一楼层处应设置一道附着支承及防倾覆装置。

(12)在竖向主框架位置应设置上下两个防倾覆装置,才能安装竖向主框架。

(13)架体的外侧防护应采用安全密目网,安全密目网应布设在外立杆内侧。

(14)液压升降整体脚手架安装后应按要求进行验收。

(15)液压升降整体脚手架提升或下降前应按规程要求进行检查,检查合格后方能发布升降令。

(16)在液压升降整体脚手架升降过程中,应设立统一指挥,统一信号。

(17)当发现异常现象时,应停止升降工作。查明原因、隐患排除后方可继续进行升降工作。

(18)液压升降整体脚手架提升或下降到位后应按规程要求进行检查,检查合格后方可使用。

(19)在使用过程中严禁下列违章作业:

①架体上超载、集中堆载;

②利用架体作为吊装点和张拉点;

③利用架体作为施工外模板的支模架;

④拆除安全防护设施和消防设施;

⑤构件碰撞或扯动架体。

（20）液压升降整体脚手架使用过程中，应每个月进行一次检查，符合规程要求后方可继续使用。

（21）每完成一个单体工程，应对液压升降整体脚手架部件、液压升降装置、控制设备、防坠落装置等进行保养和维修。

（22）液压升降整体脚手架拆除时应对拆除人员进行安全技术交底。

（23）拆除后的材料应随拆随运，分类堆放，严禁抛掷。

7）高处作业吊篮监督要点

高处作业吊篮的设计、制作、安装、拆除、使用及安全管理应符合《建筑施工工具式脚手架安全技术规范》的规定。要点如下：

（1）悬挂吊篮的支架支撑点处结构的承载能力，应大于所选择吊篮各工况的荷载最大值。

（2）高处作业吊篮安装时应按专项施工方案，在专业人员的指导下实施。

（3）安装作业前，应划定安全区域，并应排除作业障碍。

（4）高处作业吊篮所用的构配件应是同一厂家的产品。

（5）悬挂机构前支架严禁支撑在女儿墙上、女儿墙外或建筑物挑檐边缘。

（6）配重件应稳定可靠地安装在配重架上，并应有防止随意移动的措施。严禁使用破损的配重件或其他替代物。配重件的重量应符合设计规定。

（7）安装时钢丝绳应沿建筑物立面缓慢下放至地面，不得抛掷。

（8）悬挂机构前支架应与支架面保持垂直，脚轮不得受力。

（9）不得将吊篮作为垂直运输设备，不得采用吊篮运送物料。

（10）吊篮内的作业人员不应超过2个。

（11）当吊篮施工遇有雨雪、大雾、风沙及五级以上大风等恶劣天气时，应停止作业，并应将吊篮平台停放至地面，应对钢丝绳、电缆进行绑扎固定。

（12）高处作业吊篮拆除时应按照专项施工方案，并应在专业人员的指挥下实施。

（13）高处作业吊篮在使用前必须经过施工、安装、监理等单位的验收，未经验收或验收不合格的吊篮不得使用。

8）外挂防护架监督要点

（1）在提升状态下，三角臂应能绕竖向桁架自由转动；在工作状况下，三角臂与竖向桁架之间应采用定位装置防止三角臂转动。

（2）每一处连墙件应至少有2套杆件，每一套杆件应能够独立承受架体上的全部荷载。

（3）每片防护架应设置不少于3道水平防护层，其中最底层的一道应满铺脚手板，外侧应设挡脚板。

（4）外挂脚手架底层除满铺脚手板外，应采用水平安全网将底层及与建筑物之间全封闭。

（5）安装防护架时，应先搭设操作平台。

（6）纵向水平杆应通长设置，不得搭接。

（7）防护架的提升索具应使用现行国家标准《重要用途钢丝绳》（GB 8918）规定的钢丝绳。钢丝绳直径不应小于 12.5 mm。

（8）当防护架提升、下降时，操作人员必须站在建筑物内或相邻的架体上，严禁站在防护架上操作；架体安装完毕前，严禁上人。

（9）每片架体均应分别与建筑物直接连接；不得在提升钢丝绳受力前拆除连墙件，不得在施工过程中拆除连墙件。

（10）防护架在提升时，必须按照"提升一片、固定一片、封闭一片"的原则进行，严禁提前拆除两片以上的架体、分片处的连接杆、立面及底部封闭设施。

（11）在每次防护架提升后，必须逐一检查扣件紧固程度；所有连接扣件拧紧力矩必须达到 40~60 N·m。

（12）外挂防护架在使用前必须经过施工、安装、监理等单位的验收，未经验收或验收不合格的防护架不得使用。

9）施工模板支撑监督要点

（1）模板结构构件的长细比应符合下列规定：

①受压构件长细比：支架立柱及桁架，不应大于 150；拉条、缀条、斜撑等联系构件，不应大于 200。

②受拉构件长细比：钢杆件，不应大于 350；木杆件，不应大于 250。

（2）支撑梁、板的支架立柱构造与安装应符合下列规定：

①梁和板的立柱，其纵横向间距应相等或成倍数。

②木立柱底部应设垫木，顶部应设支撑头。钢管立柱底部应设垫木和底座，顶部应设可调支托，U 形支托与楞梁两侧间如有间隙，必须楔紧，其螺杆伸出钢管顶部不得大于 200 mm，螺杆外径与立柱钢管内径的间隙不得大于 3 mm，安装时应保证上下同心。

③在立柱底距地面 200 mm 高处，沿纵横水平方向应按纵下横上的程序设扫地杆。可调支托底部的立柱顶端应沿纵横向设置一道水平拉杆。扫地杆与顶部水平拉杆之间的间距，在满足模板设计所确定的水平拉杆步距要求条件下，进行平均分配确定步距后，在每一步距处纵横向应各设一道水平拉杆。当层高在 8~20 m 时，在最顶步距两水平拉杆中间应加设一道水平拉杆；当层高大于 20 m 时，在最顶步距两水平拉杆中间应分别增加一道水平拉杆。所有水平拉杆的端部均应与四周建筑物顶紧顶牢。无处可顶时，应在水平拉杆端部和中部沿竖向设置连续式剪刀撑。

④木立柱的扫地杆、水平拉杆、剪刀撑应采用 40 mm×50 mm 木条或 25 mm×80 mm 的木板条与木立柱钉牢。钢管立柱的扫地杆、水平拉杆、剪刀撑应采用 φ48 mm×3.5 mm 钢管，用扣件与钢管立柱扣牢。木扫地杆、水平拉杆、剪刀撑应采用搭接，并应采用铁钉钉牢。钢管扫地杆、水平拉杆应采用对接，剪刀撑应采用搭接，搭接长度不得小于 500 mm，并应采用 2 个旋转扣件分别在离杆端不小于 100 mm 处进行固定。

（3）当采用扣件式钢管作立柱支撑时，其构造与安装应符合下列规定：

①每根立柱底部应设置底座及垫板，垫板厚度不得小于 50 mm。

②钢管支架立柱间距、扫地杆、水平拉杆、剪刀撑的设置应符合规范的规定。当立柱底部不在同一高度时，高处的纵向扫地杆应向低处延长不少于 2 跨，高低差不得大于 1

m,立柱距边坡上方边缘不得小于 0.5 m。

③立柱接长严禁搭接,必须采用对接扣件连接,相邻两立柱的对接接头不得在同一步内,且对接接头沿竖向错开的距离不宜小于 500 mm,各接头中心距主节点不宜大于步距的 1/3。

④严禁将上段的钢管立柱与下段钢管立柱错开固定在水平拉杆上。

⑤满堂模板和共享空间模板支架立柱,在外侧周圈应设由下至上的竖向连续式剪刀撑;中间在纵横向应每隔 10 m 左右设由下至上的竖向连续式剪刀撑,其宽度宜为 4~6 m,并在竖向剪刀撑部位的顶部、扫地杆处设置水平剪刀撑。剪刀撑杆件的底端应与地面顶紧,夹角宜为 45°~60°。当建筑层高在 8~20 m 时,除应满足上述规定外,还应在纵横向相邻的两竖向连续式剪刀撑之间增加之字斜撑,在有水平剪刀撑的部位,应在每个剪刀撑中间处增加一道水平剪刀撑。当建筑层高超过 20 m 时,在满足以上规定的基础上,应将所有之字斜撑全部改为连续式剪刀撑。

⑥当支架立柱高度超过 5 m 时,应在立柱周圈外侧和中间有结构柱的部位,按水平间距 6~9 m、竖向间距 2~3 m 与建筑结构设置一个固结点。

10)其他脚手架工程监督要点

悬挑式脚手架工程、自制卸料平台和移动操作平台工程、新型及异型脚手架工程等,应根据施工单位编制的安全专项施工方案所依据的标准,按照标准的规定,特别是强制性标准的规定监督专项施工方案的实施。

6. 爆破、拆除工程的监督要点

(1)建筑拆除工程必须由具备拆除专业承包资质的单位施工。

(2)项目经理部应按有关规定设专职安全管理人员,检查落实各项安全技术措施。

(3)拆除工程施工区域应设置硬质封闭围挡及醒目警示标志,围挡高度不应低于 1.8 m,非施工人员不得进入施工区。当临街的被拆除建筑与交通道路的安全跨度不能满足要求时,必须采取相应的安全隔离措施。

(4)拆除工程必须制定生产安全事故应急救援预案。

(5)施工单位应为从事拆除作业的人员办理意外伤害保险。

(6)拆除施工严禁立体交叉作业。

(7)根据拆除工程施工现场作业环境,应制定相应的消防安全措施。施工现场应设置消防车通道,保证充足的消防水源,配备足够的灭火器材。

(8)施工准备应符合下列要求:

①应在拆除工程开工前完成建设工程所在地的县级以上地方人民政府建设行政主管部门的备案;

②当拆除工程对周围相邻建筑安全可能产生危险时,必须采取相应保护措施,对建筑内的人员进行撤离安置;

③在拆除作业前,施工单位应检查建筑内各类管线情况,确认全部切断后方可施工;

④在拆除工程作业中,发现不明物体,应停止施工,采取相应的应急措施,保护现场,及时向有关部门报告。

(9)人工拆除应符合下列要求:

①进行人工拆除作业时,楼板上严禁人员聚集或堆放材料,作业人员应站在稳定的结构或脚手架上操作,被拆除的构件应有安全的放置场所。

②人工拆除施工应从上至下、逐层拆除分段进行,不得垂直交叉作业。

③人工拆除建筑墙体时,严禁采用掏掘或推倒的方法。

④拆除建筑的栏杆、楼梯、楼板等构件,应与建筑结构整体拆除进度相配合,不得先行拆除。建筑的承重梁、柱,应在其所承载的全部构件拆除后,再进行拆除。

⑤拆除管道及容器时,必须在查清残留物的性质,并采取相应措施确保安全后,方可进行拆除施工。

(10)机械拆除应符合下列要求:

①当采用机械拆除建筑时,应从上至下,逐层分段进行;应先拆除非承重结构,再拆除承重结构。拆除框架结构建筑,必须按楼板、次梁、主梁、柱子的顺序进行施工。对只进行部分拆除的建筑,必须先将保留部分加固,再进行分离拆除。

②施工中必须由专人负责监测被拆除建筑的结构状态,作好记录。当发现有不稳定状态的趋势时,必须停止作业,采取有效措施,消除隐患。

③拆除施工时,应按照施工组织设计选定的机械设备及吊装方案进行施工,严禁超载作业或任意扩大使用范围。供机械设备使用的场地必须保证足够的承载力。作业中机械不得同时回转、行走。

④进行高处拆除作业时,较大尺寸的构件或沉重的材料,必须采用起重机具及时吊下。拆卸下来的各种材料应及时清理,分类堆放在指定场所,严禁向下抛掷。

⑤采用双机抬吊作业时,每台起重机载荷不得超过允许载荷的80%,且应对第一吊进行试吊作业,施工中必须保持两台起重机同步作业。

⑥拆除吊装作业的起重机司机,必须严格执行操作规程。信号指挥人员必须按照现行国家标准《起重吊运指挥信号》(GB 5082)的规定作业。

⑦拆除钢屋架时,必须采用绳索将其拴牢,待起重机吊稳后,方可进行气焊切割作业。吊运过程中,应采用辅助措施使被吊物处于稳定状态。

(11)静力破碎应符合下列要求:

①采用具有腐蚀性的静力破碎剂作业时,灌浆人员必须戴防护手套和防护眼镜;孔内注入破碎剂后,作业人员应保持安全距离,严禁在注孔区域行走。

②静力破碎剂严禁与其他材料混放。

③在相邻的两孔之间,严禁钻孔与注入破碎剂同步进行施工。

④静力破碎时,发生异常情况,必须停止作业。查清原因并采取相应措施确保安全后,方可继续施工。

(12)安全防护措施应符合下列要求:

①安全防护设施验收时,应按类别逐项查验,并有验收记录。

②作业人员必须配备相应的劳动保护用品,并正确使用。

③施工单位必须依据拆除工程安全施工组织设计或安全专项施工方案,在拆除施工现场划定危险区域,并设置警戒线和相关的安全标志,应派专人监管。

(13)安全技术管理应符合下列要求:

①当日拆除施工结束后,所有机械设备应远离被拆除建筑;施工期间的临时设施,应与被拆除建筑保持安全距离。

②从业人员应办理相关手续,签订劳动合同,进行安全培训,考试合格后方可上岗作业。

③拆除工程施工前,必须对施工作业人员进行书面安全技术交底。

④拆除工程施工必须建立安全技术档案,并应包括下列内容:

a. 拆除工程施工合同及安全管理协议书;

b. 拆除工程安全施工组织设计或安全专项施工方案;

c. 安全技术交底;

d. 脚手架及安全防护设施检查验收记录;

e. 劳务用工合同及安全管理协议书;

f. 机械租赁合同及安全管理协议书。

⑤施工现场临时用电必须按照国家现行标准《施工现场临时用电安全技术规范》的有关规定执行。

⑥拆除工程施工过程中,当发生重大险情或生产安全事故时,应及时启动应急预案排除险情、组织抢救、保护事故现场,并向有关部门报告。

(14)文明施工管理应符合下列要求:

①清运渣土的车辆应封闭或覆盖,出入现场时应有专人指挥。

②对地下的各类管线,施工单位应在地面上设置明显标识。对水、电、气的检查井、污水井应采取相应的保护措施。

③拆除工程施工时,应有防止扬尘和降低噪声的措施。

④拆除工程完工后,应及时将渣土清运出场。

⑤施工现场应建立健全动火管理制度。施工作业动火时,必须履行动火审批手续,领取动火证后,方可在指定时间、地点作业。作业时应配备专人监护,作业后必须确认无火源危险后方可离开作业地点。

⑥拆除建筑时,当遇有易燃、可燃物及保温材料时,严禁明火作业。

7. 其他危险性较大的分部分项工程监督要点

根据《危险性较大的分部分项工程安全管理办法》,其他危险性较大的分部分项工程(建筑幕墙安装工程,钢结构、网架和索膜结构安装工程,人工挖扩孔桩工程,地下暗挖、顶管及水下作业工程,预应力工程,采用新技术、新工艺、新材料、新设备及尚无相关技术标准的危险性较大的分部分项工程),应根据施工单位编制的安全专项施工方案所依据的标准,按照标准的规定,特别是强制性标准的规定监督专项施工方案的实施。

5.1.3　及时制止违规施工作业

监理机构发现施工单位未按照批准的施工组织设计中的安全技术措施和专项施工方案组织施工,应书面通知施工单位,并督促其立即整改;情况严重、存在严重安全隐患的,监理机构报告建设单位,及时下达工程暂停令,要求施工单位停工整改。监理机构应检查整改结果,签署复查或复工意见。对于确需修改施工方案的,监理机构要求施工单位重新编报专项施工方案,履行审批手续。施工单位拒不整改或不停工整改的,监理单位应当及时向工程所在地建设主管部门或工程项目的行业主管部门报告,以电话形式报告的,应当有通话记录,并及时补充书面报告。检查、整改、复查、报告等情况应记载在监理日记、监理月报中。

5.2　定期巡视检查施工过程中的危险性较大工程作业情况

5.2.1　正确认识施工安全的巡视检查

根据《建筑法》和《安全生产法》的有关规定,施工现场安全由施工单位负责。施工单位必须依法加强对建筑安全生产的管理,执行安全生产责任制度,采取有效措施,防止伤亡和其他安全生产事故的发生。施工企业负责施工现场的安全生产,当然也负责现场的安全检查、巡查工作。监理单位只能作为施工单位安全生产的外部监管力量。但是,一方面,由于法律法规对监理安全责任的规定还有一些不够明确的地方,社会上一些人对监理的安全责任也存在模糊看法;另一方面,由于施工现场质量与安全常常是密切相关的,对质量、安全二者的监控,从资质审查、方案审查、过程检查验收等措施上也具有相似之处。所以,在目前情况下,监理机构对施工现场的安全检查巡查工作还必须做。通过监理机构主动的检查、督促工作,减少施工现场存在安全隐患和发生安全生产事故的概率。

5.2.2　施工现场通常容易发生的安全事故

存在安全隐患就具有发生事故的可能,就存在对人身或健康构成伤害、对环境或财产造成损失的潜在威胁。

依据《企业职工伤亡事故分类标准》(GB 6441—86),能直接致使人员受到伤害的原因,按伤害方式分类如下:

(1)物体打击,指落物、滚石、锤击、碎裂崩块、碰伤等伤害,包括因爆炸而引起的物体打击。

(2)车辆伤害,包括挤、压、撞、倾覆等。

(3)机械伤害,包括绞、碾、碰、割、戳等。

(4)起重伤害,指起重设备在操作过程中所引起的伤害。

(5)触电,包括雷击伤害。

(6)淹溺。

(7)灼烫。

(8)火灾。

(9)高处坠落,包括从架子、屋顶上坠落以及从平地坠入地坑等。

(10)坍塌,包括建筑物、堆置物、土石方倒塌等。

(11)冒顶、片帮。

(12)透水。

(13)爆炸伤害。

（14）火药爆炸，指生产、运输、储藏过程中发生的爆炸。

（15）瓦斯爆炸，包括煤尘爆炸。

（16）锅炉爆炸。

（17）容器爆炸。

（18）其他爆炸，包括化学爆炸，炉膛、钢水包爆炸等。

（19）中毒和窒息，指煤气、油气、沥青、化学、一氧化碳中毒等。

（20）其他伤害，如扭伤、跌伤、野兽咬伤等。

建筑施工现场主要存在上述分类中的物体打击、机械伤害、起重伤害、触电、火灾、高处坠落、坍塌等伤害类别，而高处坠落、坍塌、物体打击、机械伤害、触电等尤为常见。这些伤害事故易发生的主要部位，如果没有必要的防护或防护措施不到位，就是安全事故隐患。例如，有以下几种情况：

（1）在缺少防护的临边、洞口，包括屋面边、楼板边、阳台边、预留洞口、电梯井口、楼梯口、脚手架、龙门架、物料提升机和塔吊的安装、拆除过程，模板的安装、拆除过程，结构和设备的吊装过程等，人员易发生高处坠落事故。

（2）现浇混凝土梁、板的模板支撑易因失稳倒塌，基坑边坡易因失稳引起土石方坍塌，拆除工程操作不当易发生被拆物坍塌，施工现场的围墙及在建工程屋面板易因施工质量不好而倒塌。

（3）人员在同一垂直作业面的交叉作业施工中或在防护不全的通道口处易受到坠落物体的打击。

（4）垂直运输机械设备、吊装设备、各类桩机等易因机械故障、操作不当造成对人员的机械伤害。

（5）在搭设钢管脚手架、绑扎钢筋或起重吊装过程中，触碰没有或缺少防护的外电线路易造成触电；使用各种电气设备，易因临时供电系统保护装置不全或失效而触电；工人在操作中，易因电线破皮、老化，开关箱又无漏电保护装置而触电。

类似这些安全事故隐患，监理机构应当予以重视。

5.2.3 注重重大危险源的检查巡查

对施工安全来说，每个易发生安全事故的关键工序、重要部位就是一个危险源；一个危险性较大的分部分项工程，就是一个重大危险源。工程项目在施工过程中，各个阶段、各个专业、各个部位的危险程度不同，安全风险不同，有可能存在多个不同的危险源。监理机构要关注不同时期危险源的变化，加强对重大危险源的检查和巡查。例如，深基坑施工是重大危险源，深基坑支护施工、开挖施工、基础结构施工时，易发生管涌、坍塌、垮塌等安全事故；特殊结构（高耸、大跨度、大空间、大尺寸、预应力、网架等结构形式）施工是重大危险源，其模板支撑、施工机械、拼装顺序、张拉施工等，稍有疏忽，易发生失稳、垮塌、倾覆等安全事故；临时用电、大型设备吊装、塔吊作业、现场消防等都可能成为重大危险源。监理机构要经常对存在的危险源进行排查，对某一阶段的重大危险源进行重点控制，重点检查、巡查，避免发生大的安全生产事故。

5.2.4　巡视检查的主要内容

1. 安全生产制度的巡视检查

主要检查安全生产岗位责任制落实情况、施工安全技术交底情况、专职安全管理人员到位情况、安全操作规程及执行情况、班前安全活动制度、书面告知危险岗位的操作规程和违章作业的危害情况。

2. 持证上岗情况的巡视检查

塔吊司机、施工升降机司机、起重信号工、登高架设作业人员、爆破作业人员、电工、焊工等持证上岗情况。

3. 安全技术措施的巡视检查

监理机构在日常工作中，要注意对施工单位制定的危险性较大的工程的安全技术措施实施情况进行巡查检查。例如，深基坑施工过程中，主要的安全技术措施可能有：

(1)基坑挡土、止水措施；

(2)基坑降水及坑外回灌措施；

(3)基坑水平支撑搭设、拆除措施；

(4)土方开挖措施；

(5)基坑监测(支护结构、基坑周边道路建筑物)措施；

(6)基坑抢险措施等。

监理人员就应注意检查这些措施是否落实，是否严格按图纸、规范和施工方案实施，发现问题是否按预定程序处理。

又如，在幕墙钢结构安装施工时，主要的安全技术措施可能有：

(1)钢构件运输、吊装安全措施；

(2)吊篮作业安全措施；

(3)焊接施工消防安全措施；

(4)临时用电安全措施；

(5)防止高空坠物安全措施等。

监理人员还应检查焊接时消防器材、看火人员是否到位，有无上下交叉作业，作业时是否进行了遮挡或围挡。

5.2.5　安全事故隐患的处理办法

通过对现场安全事故隐患进行分析、评估，监理人员可以采取如下办法处理。

1. 口头指令予以制止

监理人员在日常巡视检查中，发现施工现场存在一般性的安全事故隐患，凡立即整改能够消除的，可通过口头指令向施工单位管理人员指出，并监督其改正。例如，砌筑施工人员的脚手架上有翘头板，施工中把洞口防护栏杆移开后未及时恢复，工作面照明灯失效导致照明不足等。采取口头指令处理要注意几点，一是事故隐患(或称不安全事件)情节轻微，是偶然的、个别事件；二是通过口头指令，施工管理人员能够马上接受、立即纠正，监理人员可以监督其整改、检查纠正效果；三是要注意在监理日记、日报中留有记录，将事件的时间、地点、当事人、发现及整改过程予以记录,以便日后查询。对于虽然情节轻微,但多次重复发生可能使性质发生变化、危险程度升级的事件,监理仍应及时发布书面指令要求改正。

2. 以《监理工程师通知单》形式予以制止

通常情况下,施工现场存在的轻微的、偶然的、个别的安全事故隐患,易于通过施工单位自身的安全生产管理体系予以纠正。但对于一些较为严重的安全事故隐患,特别是纠正这些隐患可能要增加人力、物力成本,延长工期,妨碍进度节点目标实现时,施工单位往往采取不积极、不主动的态度对待。例如,模板支撑立杆间距过大,斜撑、扫地杆缺乏;落地式防护脚手架搭设进度慢,密目围网严重滞后;临时配电箱保护器件不全,设备老化;消防器材配备不足;一些专业施工人员无证上岗;片面抢进度,存在违章指挥、违章操作;等等。类似这些安全事故隐患,仅仅采取监理口头指令的形式予以制止,效果往往不好,必须采取书面的、正式的形式要求纠正。一般以"监理工程师通知单"形式,说明安全隐患存在的状况和严重性,要求施工单位制定措施限期整改并限时书面回复。专职的安全监理人员要按时复查整改结果。"监理工程师通知单"应抄送建设单位。"监理工程师通知单"可操作性强,从监理发出通知单到施工方回复、安全隐患整改的整个过程是可以复核的、封闭的,效果好、作用大。监理机构要习惯于根据现场情况运用"监理工程师通知单"的手段解决现场安全问题。

当然,对于一些不确定的预期事件,如天气预报可能有强台风袭击工程所在地,须对塔吊、吊篮采取保护措施,在大型设备吊装前,需对吊装机械基础进行验算、加固等,也可以以"监理工程师联系单"的形式,提醒施工单位提前采取预控措施。通知单是对已存在的安全事故隐患的纠正指令,具有一定的刚性;联系单是对可能发生的安全事故隐患的书面提醒,比较缓和。二者监理监控的力度是不一样的,监理机构要学会根据不同情况灵活运用。

3. 以"工程暂停令"形式制止重大危险作业

在某些情况下,安全事故隐患比较严重,或继续作业存在较大的安全事故风险,监理机构经过评估,报告建设单位,果断下发"工程暂停令",暂停部分或全部工程的施工。例如,深基坑施工过程中,基坑支护结构出现漏水量加大、变形加剧甚至个别支撑杆件断裂的情况;施工单位野蛮施工,一次局部挖土过快过深,基坑支护结构有整体失稳的危险;大空间、大跨度结构模板支撑体系无方案施工,或方案计算不合理,漏掉某些重要荷载;塔吊等大型起重机械设备安装后未经检验、验收合格擅自投入使用;一些危险性较大的施工作业(钢结构、幕墙、大型设备吊装、施工升降机装拆等),施工队伍无资质、人员无证书、指挥混乱、作业违章;等等。诸如此类情况,如不及时制止,往往易发生恶性安全生产事故,造成严重后果。专职的安全监理人员、总监理工程师要果断采取措施制止施工单位施工,待安全生产条件得到改善后,方可同意施工单位继续施工。关于暂停施工,监理机构应注意以下几点:

(1)安全隐患是否严重,情况是否危急,总监理工程师要作出正确判断,处理问题要果断,不能对严重安全事故隐患视而不见,但也不要小题大做。工程暂停施工涉及工程进度和工程造价,往往会给现场施工组织带来一段时间的混乱,建设单位一般不赞成。因此,监理机构要认真分析现状,准确判断险情。必要时可以向监理公司技术部门报告、咨询或请社会上有关专家评估。

(2)根据规范规定,宜事先向建设单位报告,最好暂停施工前能得到建设单位认可。建设单位往往最关心工程进度和造价,对安全隐患的危险程度估计不足。监理人员要将现场的情况及可能的严重后果及监理单位、建设单位应承担的法律责任向建设单位讲清楚,取得建设单位理解。需要说明的是,法律法规没有规定工程暂停施工必须得到建设单位认可。因此,当情况危急时,即使建设单位不同意,监理机构也应及时下发《工程暂停令》,以免现场失控。

(3)工程暂停施工是万不得已的控制手段,只有当其他方法无效或情况危急时才采用。在事态尚未发展到严重程度时,可以以专题会议、"监理工程师通知单"等形式提前采取控制措施,避免事态恶化。而且,监理机构必须下发"工程暂停令"时,也要区分安全事故隐患的实际情况,可以局部停工的,不要全面停工;可以一、两个专业停工的,不要所有专业都停工。总监理工程师还要注意暂停施工的时机,有时基坑出现险情必须一面加固一面抢工,不能停工;这时就不能贸然停工,而应一边向相关单位报告,一边督促施工单位抢险。有时因农忙、高考等因素施工节奏变慢,适宜停工。这时下达暂时停工令,可以对累积下来的一些较严重安全事故隐患进行整改。

(4)工程暂停施工后,施工单位进行整改。整改是否达到要求,安全事故隐患是否消除,监理机构要进行复查验收,合格后方准许施工单位复工。复工前,施工单位要以《复工申请表》的形式报请监理核准。

(5)根据现场事态的严重程度,"工程暂停令"可以抄报当地建设行政主管部门或行业主管部门。

4. 必要时向有关主管部门报告

正常情况下,监理机构下发"监理工程师通知单"要求施工单位进行整改,下发"工程暂停令"要求施工单位暂停施工并整改,能够达到消除现场安全事故隐患、避免安全事故发生的监控效果。这种情况下,可以不向有关主管部门报告。但是,当施工单位拒不整改或者不停止施工,或者阳奉阴违另搞一套时,监理机构就必须采取进一步的措施,即以书面形式向工程所在地建设行政主管部门或行业主管部门报告。注意,向工程所在地建设行政主管部门或行业主管部门报告前,宜告知建设单位报告的理由。如果建设单位能够立即制止施工单位的严重违法行为,也可以不报告,尽可能避免激化矛盾。根据国家法律法规规定,只要监理机构这样做了,那么因施工单位不服从监管一意孤行而发生的安全事故,不论事故严重程度如何,监理单位无需承担安全责任。有一些监理机构发现了施工现场的安全事故隐患,也下发了"监理工程师通知单"或"工程暂停令",但施工单位拒不执行或仅部分执行,监理机构就没有向有关主管部门报告;后来工程发生了安全生产事故,监理人员也被追究了刑事责任,教训非常深刻。应当注意,"报告"应以书面形式发出,说明工程安全事故隐患的简要情况,并将相关通知单、暂停令、会议纪要等资料附上。特殊条件下,监理机构可以先口头(电话)报告,再补书面报告。

5.2.6　把质量和安全的检查巡查结合起来

监理机构应把日常的质量控制工作和安全管理工作结合起来,在进行现场检查、巡查时同时关注质量问题和安全问题。一般来讲,监理机构各专业的技术人员配备是较齐全的,他们熟悉本专业的工艺要求、质量控制点和安全技术措施。在现场检查、巡查、验收时,应同时注意质量标准和安全措施的落实情况,发现问题应及时制止并向总监理工程师报告。

这里要着重注意理解如下几条:

(1)建设项目是一个多目标的控制系统,人们追求的是综合效益,是各目标的合理搭配和整体最佳。即在合理的时间区间、合理的投资下得到质量达标、安全可靠的建筑产品。进度、投资、质量、安全相互之间有联系、有制约。因此,监理目标不是单一的目标,而是一个由多目标组成的整体。监理目标的控制不是对某个子目标的控制,而是对整体目标的控制。在这个整体目标中,每个子目标之间都有着密切的关系。

(2)在施工现场大多数情况下,质量目标和安全目标具有趋同性。质量不好,无法保证安全;安全出问题,有时又影响工程质量。如高大模板搭设质量不好,既影响工程实体质量又影响施工安全;混凝土质量不好(强度不够),易引发生产安全事故;等等。

(3)质量控制与安全管理的监理方法相似。监理主要是通过审查施工单位的素质(资质)、施工方案的合理性、是否按强制性技术标准施工等来保证工程质量和安全。具体的监理工作都包含事前控制、事中控制、事后控制等内容。

(4)一般来讲,工程质量仅指建筑物(构筑物)的实体质量(包括使用功能),施工安全主要指施工过程中的安全。生产安全,可以理解为施工单位施工的保证措施。只有在整个施工过程中均确保安全无事故,才能保证施工的正常开展。在这个意义上,安全是为质量服务的。

5.2.7　注意留下检查巡查记录

监理人员在检查、巡查中发现的问题,能够说明监理工作的广度和深度,也能反映问题(安全隐患)发生、发现、发展、解决或失控的原因和过程。监理人员应当注意作好相关记录,把实际情况和监理所做的工作如实记录下来。如果万一发生安全生产事故,这些原始记录可以帮助进行事故分析,分清各方责任,减少对监理人员的误解和不当指责。

因此,监理机构认真、详细作好日报、日记、周报、月报的记录很重要。有些监理机构、安全管理工作做了不少,但发生安全事故后,拿不出监理安全管理工作的佐证资料而被过度追究了法律责任。这样的教训非常沉重,监理机构一定要汲取。

5.3　核查施工现场施工起重机械、整体提升脚手架、模板等自升式架设设施和安全设施的验收手续

5.3.1　核查施工现场施工起重机械安全设施的验收手续

《建筑起重机械安全监督管理规定》第十六条规定:"建筑起重机械安装完毕后,使用单位应当组织出租、安装、监理等有关单位进行验收,或者委托具有相应资质的检验检测机构进行验收。建筑起重机械经验收合格后方可投入使用,未经验收或者验收不合格的不得使用。""实行施工总承包的,由施工总承包单位组织验收。""建筑起重机械在验收前应当经有相应资质的检验检测机构监督检验合格。"

第二十条规定:"建筑起重机械在使用过程中需要附着的,使用单位应当委托原安装单位或者具有相应资质的安装单位按照专项施工方案实施,并按照本规定第十六条规定组织验收。验收合格后方可投入使用。""建筑起重机械在使用过程中需要顶升的,使用单位委托原安装单位或者具有相应资质的安装单位按照专项施工方案实施后,即可投入使用。"

第二十二条规定:"监理单位应当履行下列安全职责:(一)审核建筑起重机械特种设备制造许可证、产品合格证、制造监督检验证明、备案证明等文件;(二)审核建筑起重机械安装单位、使用单位的资质证书、安全生产许可证和特种作业人员的特种作业操作资格证书;(三)审核建筑起重机械安装、拆卸工程专项施工方案;(四)监督安装单位执行建筑起重机械安装、拆卸工程专项施工方案情况;(五)监督检查建筑起重机械的使用情况;(六)发现存在生产安全事故隐患的,应当要求安装单位、使用单位限期整改,对安装单位、使用单位拒不整改的,及时向建设单位报告。"

《建筑机械使用安全技术规程》4.4.3规定:"起重机的轨道基础或混凝土基础应验收合格后,方可使用。"

监理机构应据此核查施工现场施工起重机械安全设施的验收手续。

5.3.2　核查施工现场整体提升脚手架安全设施的验收手续

《建筑施工附着升降脚手架管理暂行规定》第四十三条规定:"附着升降脚手架组装完毕,必须进行以下检查,合格后方可进行升降操作:1.工程结构混凝土强度应达到附着支承对其附加荷载的要求;2.全部附着支承点的安装符合设计规定,严禁少装附着固定连接螺栓和使用不合格螺栓;3.各项安全保险装置全部检验合格;4.电源、电缆及控制柜等的设置符合用电安全的有关规定;5.升降动力设备工作正常;6.同步及荷载控制系统的设置和试运效果符合设计要求;7.架体结构中采用普通脚手架杆件搭设的部分,其搭设质量达到要求;8.各种安全防护设施齐备并符合设计要求;9.各岗位施工人员已落实;10.附着升降脚手架施工区域应有防雷措施;11.附着升降脚手架应设置必要的消防及照明设施;12.同时使用的升降动力设备、同步与荷载控制系统及防坠装置等专项设备,应分别采用同一厂家、同一规格型号的产品;13.动力设备、控制设备、防坠装置等应有防雨、防砸、防尘等措施;14.其他需要检查的项目。"

　　第四十五条规定:"附着升降脚手架升降到位架体固定后,办理交付使用手续前,必须通过以下检查项目:1.附着支承和架体已按使用状况下的设计要求固定完毕,所有螺栓连接处已拧紧,各承力件预紧程度应一致;2.碗扣和扣件接头无松动;3.所有安全防护已齐备;4.其他必要的检查项目。"

　　第六十条规定:"工程项目的总承包单位必须对施工现场的安全工作实行统一监督管理,对使用的附着升降脚手架要进行监督检查,发现问题,及时采取解决措施。附着升降脚手架组装完毕,总承包单位必须根据本规定以及施工组织设计等有关文件的要求进行检查,验收合格后,方可进行升降作业。分包单位对附着升降脚手架的使用安全负责。"

　　《液压升降整体脚手架安全技术规程》对液压升降整体脚手架安装后、升降前、升降后、使用前做出了明确验收、检查规定。

　　监理机构应据此核查施工现场整体提升脚手架安全设施的验收手续。

5.3.3　核查施工现场自升式模板安全设施的验收手续

　　《建设工程安全生产管理条例》第十七条规定:"……施工起重机械和整体提升脚手架、模板等自升式架设设施安装完毕后,安装单位应当自检,出具自检合格证明,并向施工单位进行安全使用说明,办理验收手续并签字。"

　　第三十五条规定:"施工单位在使用施工起重机械和整体提升脚手架、模板等自升式架设设施前,应当组织有关单位进行验收,也可以委托具有相应资质的检验检测机构进行验收;使用承租的机械设备和施工机具及配件的,由施工总承包单位、分包单位、出租单位和安装单位共同进行验收。验收合格的方可使用。"

　　《特种设备安全监察条例》规定,列入《特种设备目录》的施工起重机械,在验收前应当经有相应资质的检验检测机构监督检验合格。

　　监理机构应据此核查施工现场自升式模板安全设施的验收手续。

5.4　检查施工现场各种安全标志和安全防护措施是否符合强制性标准要求,并检查安全生产费用的使用情况

5.4.1　安全标志的检查

1.安全标志的基本知识

　　安全标志是指在操作人员容易产生错误而造成事故的场所,为了确保安全,提醒操作人员注意所采用的一种特殊标志。目的是引起人们对不安全因素的注意,预防事故的发生,安全标志不能代替安全操作规程和保护措施。根据《安全标志及其使用导则》(GB 2894—2008),安全标志应由安全色、几何图形和图形符号构成。

　　根据《安全色》(GB 2893—2008),安全色有红、蓝、黄、绿四种颜色,其含义是:红色表示禁止、停止(也表示防火);蓝色表示指令或必须遵守的规定;黄色表示警告、注意;绿色表示提示、安全状态、通行。

安全标志根据使用目的,可以分为以下 9 种:

(1)防火标志(有发生火灾危险的场所,有易燃易爆危险的物质及位置,防火、灭火设备位置);

(2)禁止标志(所禁止的危险行动);

(3)危险标志(有直接危险性的物体和场所,并对危险状态作警告);

(4)注意标志(由于不安全行为或不注意就有危险的场所);

(5)救护标志;

(6)小心标志;

(7)放射性标志;

(8)方向标志;

(9)指导标志。

2. 安全标志的检查内容

(1)安全标志布置平面图。施工现场应有安全标志布置平面图。当一张图不能表明时,可以分层表明或分层绘制。平面图应由绘制人签名,项目负责人审批。

(2)安全标志的设置与悬挂。安全标志应按图挂设,施工现场出入口、施工起重机械、临时用电设施、脚手架、出入通道口、电梯井口、孔洞口、桥梁口、隧道口、基坑边沿、爆破物及有害危险气体和液体存放处等危险部位,均应挂设相关的安全标志。有高度限制的地点应有限高标志。

(3)施工机械设备应随机挂设安全操作规程牌。

(4)安全标志的颜色应符合《安全色》的规定。

(5)各种安全标志的制作、设置、使用、维护符合《安全标志及其使用导则》的规定,制作美观、统一。

5.4.2　安全防护措施的检查

建筑施工的各项施工内容几乎都提出了安全防护措施的要求。监理机构应根据现场施工的分部分项工程性质、类别,按照相应技术标准的强制性条文要求,对安全防护措施进行检查。涉及的技术标准有:《建筑施工高处作业安全技术规范》、《施工现场临时用电安全技术规范》、《建设工程施工现场供用电安全规范》、《建筑施工土石方工程安全技术规范》、《建筑拆除工程安全技术规范》、《施工现场机械设备检查技术规程》、《建筑机械使用安全技术规程》、《龙门架及井架物料提升机安全技术规范》、《擦窗机安装工程质量验收规程》(JGJ 150—2008),以及各种脚手架的施工技术标准、规范性文件。

5.4.3　检查安全生产费用的使用情况

《建设工程安全生产管理条例》第二十二条规定:"施工单位对列入建设工程概算的安全作业环境及安全施工措施所需费用,应当用于施工安全防护用具及设施的采购和更新、安全施工措施的落实、安全生产条件的改善,不得挪作他用。"

《建筑工程安全防护、文明施工措施费用及使用管理规定》第十条规定:"工程监理单位应当对施工单位落实安全防护、文明施工措施情况进行现场监理。对施工单位已经落实的安全防护、文明施工措施,总监理工程师或者造价工程师应当及时审查并签认所发生的费用。监理单位发现施工单位未落实施工组织设计及专项施工方案中安全防护和文明施工措施的,有权责令其立即整改;对施工单位拒不整改或未按期限要求完成整改的,工程监理单位应当及时向建设单位和建设行政主管部门报告,必要时责令其暂停施工。"

《建筑工程安全防护、文明施工措施费用及使用管理规定》第十一条规定:"施工单位应当确保安全防护、文明施工措施费专款专用,在财务管理中单独列出安全防护、文明施工措施项目费用清单备查。"

监理机构应据此检查安全生产费用的使用情况。

5.5　督促施工单位进行安全自查工作,并对施工单位自查情况进行抽查,参加建设单位组织的安全生产专项检查

5.5.1　督促施工单位进行安全自查工作

《建设工程安全生产管理条例》第二十一条规定:"施工单位主要负责人依法对本单位的安全生产工作全面负责。施工单位应当建立健全安全生产责任制度和安全生产教育培训制度,制定安全生产规章制度和操作规程,保证本单位安全生产条件所需资金的投入,对所承担的建设工程进行定期和专项安全检查,并做好安全检查记录。"

监理机构应根据《建设工程安全生产管理条例》的规定,督促施工单位按照《建筑施工安全检查标准》进行安全自查工作。

(1)企业和项目部必须建立定期安全检查制度,明确检查方式、时间、内容、频率和整改处罚措施等内容,特别要明确工程安全防范的重点部位和危险岗位的检查方式及方法。监理机构督促落实。施工企业、项目部、班组的检查频率不应少于规定的频率。

(2)安全检查(包括被检)应做到每次有记录,对查出的事故隐患应做到定人、定时、定措施进行整改,并要有复查情况记录。被检的项目部(部门、施工队、班组)必须如期整改并上报检查部门,现场应有整改回执单。

5.5.2　对施工单位自查情况进行抽查

监理机构应对施工单位自查情况进行抽查。施工单位不认真执行既定的安全检查制度,如安全检查的频率、覆盖面不合要求,特别是临时配电箱的三级保护、起重机械的安全机构检查不到位,安全检查的制度不能正常坚持,发现安全问题监督整改不力等,监理机构应当要求施工单位纠正。

5.5.3　参加建设单位组织的安全生产专项检查

全国性或区域性重大节假日、重大政治外事活动前,重大安全事故后,政府往往会对安全生产进行专项整治。遇到此项活动,项目监理机构应以积极、主动的姿态,做好准备,参加建设单位组织的安全生产专项检查。力争通过专项检查,解决施工中存在的普遍性、根本性安全方面的问题,体现项目监理机构的价值,树立监理机构的权威。

第 6 章　建设工程安全监理的工作程序

6.1　《关于落实建设工程安全生产监理责任的若干意见》的要求

监理单位安全监理要符合《关于落实建设工程安全生产监理责任的若干意见》规定的程序。

（1）按照《建设工程监理规范》和相关行业监理规范要求，编制含有安全监理内容的监理规划和安全监理实施细则。

（2）在施工准备阶段，监理机构审查核验施工单位提交的有关技术文件及资料，并由项目总监理工程师在有关技术文件报审表上签署意见；审查未通过的，安全技术措施及专项施工方案不得实施。

（3）在施工阶段，监理机构应对施工现场安全生产情况进行巡视检查，对发现的各类安全事故隐患，应书面通知施工单位，并督促其立即整改；情况严重的，监理机构应及时下达工程暂停令，要求施工单位停工整改，并同时报告建设单位。安全事故隐患消除后，监理机构应检查整改结果，签署复查或复工意见。施工单位拒不整改或不停工整改的，监理机构应当及时向工程所在地建设主管部门或工程项目的行业主管部门报告，以电话形式报告的，应当有通话记录，并及时补充书面报告。检查、整改、复查、报告等情况应记载在监理日记、监理月报中。

监理机构应核查施工单位提交的建筑施工起重机械设备和安全设施等验收记录，并由专职安全生产监理人员签收备案。

（4）工程竣工后，监理机构应将有关安全生产的技术文件、验收记录、监理规划、监理实施细则、监理月报、监理会议纪要及相关书面通知等按规定立卷归档。

建设工程安全监理工作程序如图 6-1 所示。

6.2　监理机构安全监理主要工作程序

6.2.1　施工单位的资质审查程序

（1）监理机构要审查施工单位的资质是否满足工程建设的需要。建设部在 2007 年 6 月修订发布了新的《建筑业企业资质管理规定》。建筑业企业资质标准按照《建筑业企业资质等级标准》和《施工总承包企业特级资质标准》执行。施工单位必须在规定的资质范围内进行经营活动，不得超范围经营。监理机构要注意施工单位是否存在弄虚作假、超资

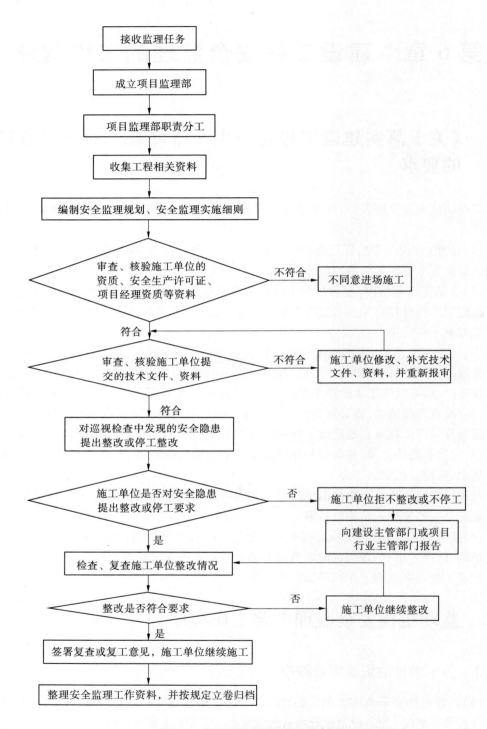

图 6-1　建设工程安全监理工作程序

质经营、冒名挂靠等情况。具体内容参见本书4.6.1 部分。

　　(2)监理机构要审查施工单位是否已取得了安全生产许可证。2004 年 7 月,建设部公布实施了《建筑施工企业安全生产许可证管理规定》。根据《建筑施工企业安全生产许可证管理规定》,建筑施工企业未取得安全生产许可证的,不得从事建筑施工活动。安全生产许可证有效期为 3 年,期满前应办理延期手续;施工企业三类人员(主要负责人、项目负责人、专职安全生产管理人员)应取得安全生产考核合格证书。监理机构要审查施工企业有无转让、冒用或使用伪造、过期安全生产许可证的情况,项目负责人、专职安全生产管理人员持有效合格证书的情况。具体内容参见本书4.6.2 部分。

　　(3)监理机构要审查施工单位安全管理体系是否健全。施工单位进场后,应向监理机构报送安全管理体系的有关资料,包括安全组织机构、安全生产责任制度、安全生产制度、安全管理制度、专职安全管理人员名单及分工等。安全生产制度、安全管理制度包括安全交底制度、安全教育培训制度、安全生产规章制度、安全生产操作规程等,还应包括如何保证施工安全生产条件所需资金的投入,对所承担的建设工程进行定期和专项检查,并作好安全检查记录等。具体内容参见本书4.5 节。

　　(4)监理机构还要审查施工单位特种作业人员建筑施工特种作业操作资格证,审查证书是否有效(具体内容参见本书4.8 节)。

　　(5)总承包单位和已经招标程序确认中标的分包单位应将项目中标通知书、企业资质证书、安全生产许可证、项目负责人建造师注册证书、项目负责人安全生产考核合格证书、专职安全生产管理人员安全生产考核合格证书等资料报送监理机构核验。监理机构应注意是否存在弄虚作假、冒名挂靠等情况。

　　(6)未经招标程序的分包单位在施工前,总承包单位应填写分包单位资格报审表(表A3),将分包企业资质等相关资格资料报送监理机构审批。报送的资料包括企业资质证书、安全生产许可证、质量保证体系、安全管理体系、专项施工方案等。分包单位资格审核合格后,监理机构方可同意其承接相应分包工程。但应注意,《建筑法》中有规定,除总承包合同中约定的分包外,分包必须经建设单位认可。建设单位认可的形式可采用在总分包合同上盖章或由总承包单位打报告由建设单位审定的方法。

　　施工单位的资质审查程序见图 6-2。

6.2.2　施工组织设计、安全专项施工方案的审查程序

　　(1)施工单位应在施工前向监理机构报送施工组织设计(方案)报审表(表 A2)。施工组织设计中应包含安全技术措施、地下管线保护措施方案、施工现场临时用电方案及本工程危险性较大的分部分项工程安全专项施工方案的编制计划。施工组织设计应由施工单位的专业技术人员编写,施工单位技术部门的专业技术人员审核,由施工单位的技术负责人审批签字。

　　(2)施工单位在危险性较大的分部分项工程施工前向监理机构报送安全专项施工方案。建筑工程实行施工总承包的,专项方案应当由施工总承包单位组织编制。其中,起重机械安装拆卸工程、深基坑工程、附着式升降脚手架等专业工程实行分包的,其专项方案可由专业承包单位组织编制。

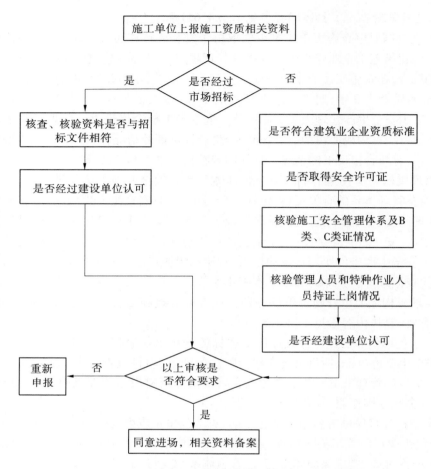

图 6-2　施工单位的资质审查程序

专项方案应当由施工单位技术部门组织本单位施工技术、安全、质量等部门的专业技术人员进行审核。经审核合格的,由施工单位技术负责人签字。实行施工总承包的,专项方案应当由总承包单位技术负责人及相关专业承包单位技术负责人签字。

不需专家论证的专项方案,经施工单位审核合格后报监理机构,由项目总监理工程师审核签字。

(3)超过一定规模的危险性较大的分部分项工程,施工单位应当组织专家对安全专项施工方案进行论证,并有论证报告。施工单位应当根据论证报告修改完善专项方案,并经施工单位技术负责人、项目总监理工程师、建设单位项目负责人签字后,方可组织实施。

实行施工总承包的,应当由施工总承包单位、相关专业承包单位技术负责人签字。

(4)专项方案经论证后需做重大修改的,施工单位应当按照论证报告修改,并重新组织专家进行论证。

(5)当需要施工单位修改时,应由总监理工程师签发书面意见要求施工单位修改后再报。

(6)监理机构对施工组织设计和安全专项施工方案的审查应注意两点:

①施工过程应急救援预案应包括在施工组织设计内或单独报监理审核；

②工程发生大的变更、施工方法发生大的变化,施工单位应重新编制施工组织设计、安全专项施工方案,并重新报送监理机构审查。

施工组织设计、专项施工方案审查程序见图 6-3。

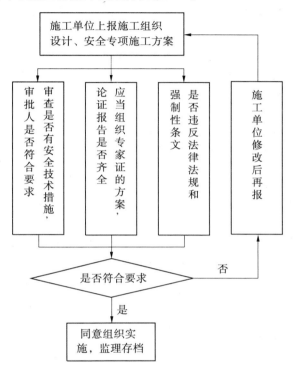

图 6-3　施工组织设计、专项施工方案审查程序

6.2.3　开工申请的审查程序

(1)施工单位开工前,应填写工程开工报审表,具体列出开工条件准备情况,经项目负责人签字后报总监理工程师审定。

(2)监理机构应组织专职安全监理工程师、专业监理工程师从安全、技术等多方面认真审查施工单位各项开工条件准备情况。条件具备的,由总监理工程师签字同意开工;条件不具备的,不能同意开工。

(3)开工条件不具备,施工单位坚持自行施工的,监理机构应予制止,并视情况向建设单位、建设行政主管部门报告;建设单位坚持开工的,监理机构应予识别并以书面形式向建设单位表达自己的意见,必要时向建设行政主管部门报告。

(4)开工条件一般应包括如下内容:

①施工单位的资质、安全生产许可证和项目经理资质已经审查通过。

②工程施工组织设计、临时用电方案、施工测量控制点、首道工序的准备工作以及施工单位的质量保证体系、安全生产责任制度、应急救援预案均经审查通过。

③安全防护、文明施工措施费使用计划已经审查通过。

④施工许可证已领。

⑤施工现场的场地道路、水电、通信和临时设施已满足开工要求。

⑥地下障碍物已清除或查明。

⑦施工图纸及设计文件已按计划提供齐全,图纸已经审查部门审查同意。

⑧施工人员(包括安全管理人员和特种作业人员)已按计划进场。

⑨施工用机械、材料已按计划进场,机械设备、材料等已具备报验条件。

⑩工程围挡、冲洗台设置和现场平面布置符合政府有关部门要求。

开工申请的审查核验程序见图6-4。

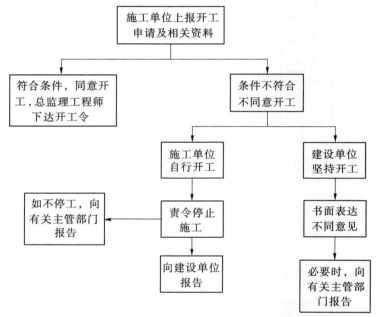

图6-4　开工申请的审查核验程序

6.2.4　建筑施工起重机械设备的审查程序

建筑施工起重机械设备是指涉及生命安全、危险性较大的施工起重机械、整体提升脚手架、模板等自升式架设设施(如施工塔吊、履带吊、施工电梯、井字架等)。监理机构对建筑施工起重机械设备的审查,主要是程序性审查。程序性审查不符合要求的,监理机构应明确反对相关机械设备进场、安装、使用。

(1)建筑施工起重机械设备安装前,施工单位应编制安全专项施工方案,监理机构应对施工单位报送的安全专项施工方案及所附资料(如产品合格证、生产(制造)许可证、制造监督检验证明等)进行程序性核验,合格后方可进行安装。

(2)建筑施工起重机械设备拆卸前,施工单位应编制安全专项施工方案,经监理审批同意后方可实施。

(3)塔式起重机械设备安装拆卸安全专项施工方案应按照《建筑施工塔式起重机安

装、使用、拆卸安全技术规程》的规定编制。其他建筑施工起重机械设备安装拆卸专项施工方案应当参照《建筑施工塔式起重机安装、使用、拆卸安全技术规程》的规定编制。建筑施工起重机械设备的安装、拆卸单位,必须具有相应的施工资质;安装拆卸人员必须具有相关的操作资格证书。监理人员对施工单位是否按方案实施(如塔吊基础尺寸、混凝土强度、钢筋规格、数量等)进行监督。

(4)建筑施工起重机械设备安装完成后,总监理工程师应组织专职安全生产管理人员对其验收程序进行核查;《特种设备安全监察条例》规定的施工起重机械、整体提升脚手架、模板等自升式架设设施,在验收前应当经有相应资质的检验检测机构检测检验合格并按使用登记要求进行登记;验收程序符合要求,方可同意使用。对于国家没有规定必须由第三方进行检验检测的机械设备、设施,安装完毕后安装单位应当自检,出具自检合格证明,并向施工单位进行安全使用说明,办理验收手续并签字。手续齐全后方可同意使用。

(5)建筑施工起重机械设备、设施的使用达到国家规定的检验检测年限的,必须经具有专业资质的检验检测机构检测。到期未进行检测或经检测不合格的,监理机构应以书面形式通知施工单位不得继续使用。

建筑施工起重机械设备审查程序见图6-5。

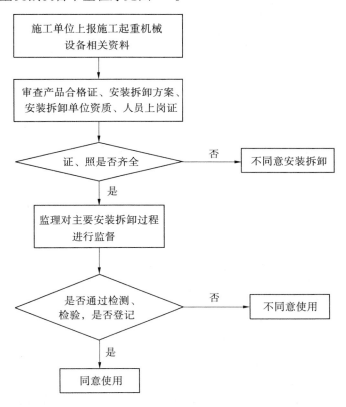

图6-5 建筑施工起重机械设备审查程序

6.2.5　特种作业人员上岗资质的审查程序

（1）特种作业施工前，施工单位应根据施工现场的实际需要，制定配备施工特种作业人员进场计划，并将配备的特种作业人员花名册报送给监理机构审查。监理机构应对特种作业人员上岗证书进行核查核验，并留存复印件备案。在施工过程中，施工单位增加花名册以外的特种作业人员也应报监理机构审查。

（2）项目监理机构应定期、不定期对特种作业人员的持证上岗情况进行抽查。监理机构应注意督促、发挥总承包单位和其他承包单位的管理作用，加强对施工现场各施工专业、各分包单位特种作业人员持证上岗情况的检查管理。监理机构在抽查中发现问题后，除应要求施工单位立即整改外，还应要求施工单位项目管理机构查找管理责任，制定纠正措施，防止类似事件再次发生。

（3）特种作业人员的操作证书应在有效期内使用。在特种作业证书有效期满前，特种作业人员必须按照国家的有关规定进行专门的安全作业培训、考核，核发新证或延长有效期。监理机构应提醒施工单位提前安排特种作业人员的培训考核工作，以保证特种作业的工作质量和施工安全。

特种作业人员上岗资质审查程序见图6-6。

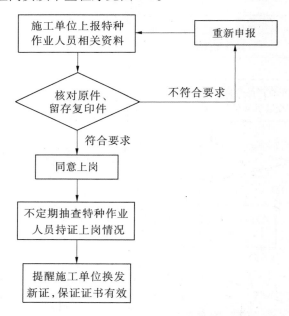

图6-6　特种作业人员上岗资质审查程序

6.2.6　安全事故隐患的处理程序

（1）监理人员在现场发现了安全事故隐患，应及时向总监理工程师或专职安全监理人员报告。

（2）总监理工程师根据安全事故隐患的严重程度采取相应措施，一般要签发监理工程师通知单,书面要求施工单位整改;情况严重的,报告建设单位,并立即要求施工单位暂停施工,并签发"工程暂停令",书面指令施工单位执行。

(3)施工单位整改结束,对监理机构的监理通知应填报监理工程师通知回复单,监理机构检查签署意见;对监理机构的暂停令应填报工程复工报审表,经监理机构检查验收合格,方可同意恢复施工。

(4)施工单位拒不整改或不暂停施工,总监理工程师应当及时向建设单位报告,并及时向建设主管部门或行业主管部门报告。

(5)发现、要求、复查、报告等监理工作,应记载在监理日记、监理月报中。

(6)监理机构在实施安全监理过程中,应注意检查是否存在以下几方面的安全隐患:

①施工单位违反国家相关强制性标准、规范施工的;

②施工单位未按设计文件、设计图纸进行施工的;

③施工单位无方案施工或未按经批准的施工组织设计、安全专项施工方案施工的;

④施工单位未按施工操作规程施工,存在违章指挥、违章作业的;

⑤施工现场出现根据监理经验就可以判断为安全事故隐患的(如发现附着式脚手架的拉接点被拆除了一些,配电箱的接地线断路,起重机械未经建设主管部门登记等);

⑥施工现场出现生产安全事故先兆的(如基坑漏水量加大、边坡出现塌方,脚手架发生晃动,配电箱漏电,电源开关、电缆接头局部发热等)。

安全事故隐患处理程序如图6-7所示。

6.2.7 发生安全生产事故的处理程序

发生安全生产事故后,监理机构具有双重身份:一是作为监理方要督促施工单位立即停止施工、排除险情、抢救伤员并防止事态扩大;二是作为本身也承担建设工程安全生产责任的建设工程参与单位要接受责任调查,当存在违反《建设工程安全生产管理条例》等有关规定的情况时,还要接受处理或处罚。这里主要介绍监理机构作为安全监理方需执行的程序。

1. 基本原则

当施工现场发生事故后,总监理工程师、专职安全监理人员应在第一时间赶到现场,及时会同建设单位现场负责人向施工单位了解事故情况,判断事故的严重程度。要求施工单位立即排除险情、抢救伤员、防止事态扩大,做好现场保护和证据保全工作。及时发出监理指令并向监理公司主要负责人报告。

2. 发生《生产安全事故报告和调查处理条例》规定的等级以上的事故

(1)总监理工程师立即下达"工程暂停令",并督促施工单位按照有关规定,以最快的方式向事故发生地县级以上人民政府安全生产监督管理部门、建设主管部门或有关部门报告。

(2)配合有关主管部门组成的事故调查组的调查。当调查组提出要求时,监理机构应如实提供工程相关资料,如相关合同、图纸、会议纪要、监理月报、监理日记和监理工程

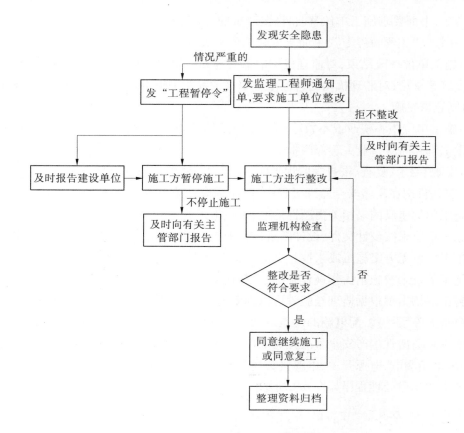

图 6-7　安全事故隐患处理程序

师联系单、监理工程师通知单等资料。

（3）监理机构应按照事故调查组提出的处理意见和防范措施建议，监督检查施工单位对处理意见和防范措施的落实情况。

（4）施工单位填报工程复工报审表，专职安全监理人员进行核查，由总监理工程师签批。

（5）监理机构应做好维权和举证工作。详见本书 2.6.6 部分。

3. 发生《生产安全事故报告和调查处理条例》规定的等级以下的事故

当现场发生重伤或直接经济损失接近 100 万元的事故后，总监理工程师应签发监理工程师通知单，要求施工单位进行调查（或根据当地的规定或建设单位要求组织事故调查），写出调查报告，提出整改措施，并用监理工程师通知回复单报监理机构。专职安全监理人员应进行复查，并在监理工程师通知回复单中签署意见，由总监理工程师签认。

发生生产安全事故的处理程序如图 6-8 所示。

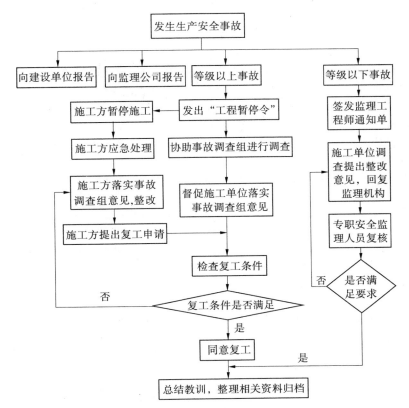

图 6-8　发生生产安全事故的处理程序

参 考 文 献

［1］梅钰. 建设工程监理安全责任与工作指南［M］. 北京:中国建筑工业出版社,2008.

［2］住房和城乡建设部工程质量安全监管司. 建筑施工企业主要负责人、项目负责人、专职安全生产管理人员安全生产培训考核及继续教育教材. 建设工程安全生产管理［M］. 2 版. 北京:中国建筑工业出版社,2008.

［3］中国安全生产协会注册安全工程师工作委员会. 全国注册安全工程师执业资格考试辅导教材. 安全生产管理知识［M］. 北京:中国大百科全书出版社,2008.

［4］黄金枝,陈典和,彭雪燕,等. 工程监理·安全监理·项目管理规范化操作手册［M］. 北京:中国建筑工业出版社,2007.

［5］刘宪文,胡海林,韩涛,等. 建设工程安全监理知识问答［M］. 北京:化学工业出版社,2009.

［6］筑龙网. 建设工程监理百问及实例［M］. 北京:中国建材工业出版社,2009.

［7］中国建筑科学研究院. JGJ 120—99 建筑基坑支护技术规程［S］. 北京:中国建筑工业出版社,1999.

［8］中华人民共和国建设部. JGJ 59—99 建筑施工安全检查标准［S］. 北京:中国建筑工业出版社,1999.

［9］中华人民共和国建设部. JGJ 80—91 建筑施工高处作业安全技术规范［S］. 北京:中国建筑工业出版社,1991.

［10］中华人民共和国建设部. JGJ 130—2001 建筑施工扣件式钢管脚手架安全技术规范［S］. 北京:中国建筑工业出版社,2001.

［11］中华人民共和国建设部. JGJ 146—2004 建筑施工现场环境与卫生标准［S］. 北京:中国建筑工业出版社,2004.

［12］中华人民共和国建设部. JGJ 46—2005 施工现场临时用电安全技术规范［S］. 北京:中国建筑工业出版社,2005.

［13］中华人民共和国住房和城乡建设部. JGJ 162—2008 建筑施工模板安全技术规范［S］. 北京:中国建筑工业出版社,2008.

［14］中华人民共和国住房和城乡建设部. JGJ 196—2010 建筑施工塔式起重机安装、使用、拆卸安全技术规程［S］. 北京:中国建筑工业出版社,2010.

［15］中华人民共和国国务院. 国务院令第 393 号 建设工程安全生产管理条例［S］. 北京:中国法制出版社,2003.

［16］中华人民共和国国务院. 国务院令第 493 号 生产安全事故报告和调查处理条例［S］. 北京:中国法制出版社,2003.

［17］中华人民共和国建设部. 建设部令第 166 号 建筑起重机械安全监督管理规定［S］. 北京:中国建筑工业出版社,2008.

［18］中华人民共和国建设部. 建设部令第 128 号 建筑施工企业安全生产许可证管理规定［S］. 北京:中国建筑工业出版社,2004.

［19］中华人民共和国建设部. 建设部令第 159 号 建筑业企业资质管理规定［S］. 北京:中国建筑工业出版社,2007.

［20］中华人民共和国建设部. 建质〔2005〕184 号 建筑工程安全生产监督管理工作导则［S］. 2005.

［21］中华人民共和国建设部. 建质〔2008〕75 号 建筑施工特种作业人员管理规定［S］. 2008.

［22］中华人民共和国住建部. 建质〔2009〕97 号 危险性较大的分部分项工程安全管理办法［S］. 2009.

［23］中华人民共和国建设部. 建市〔2006〕248 号 关于落实建设工程安全生产监理责任的若干意见［S］. 2006.

［24］中华人民共和国建设部. 建教〔1997〕83 号 建筑业企业职工安全培训教育暂行规定［S］. 1997.